UF 0895 Mantenimiento de redes eléctricas subterráneas de baja tensión

Jesús Trashorras Montecelos

UF 0895 Mantenimiento de redes eléctricas subterráneas de baja tensión

Jesús Trashorras Montecelos

Marcombo

UF 0895 Mantenimiento de redes eléctricas subterráneas de baja tensión

Primera edición, 2016

Diseño de la cubierta: Pol Creuheras
Maquetación: Àngel Solé Cardona
Fotografía: www.fotosdelectricidad.es

ISBN: 978-84-267-2362-8
D.L.: B-12934-2016
Impreso en Ulzama Digital SL

Printed in Spain

Índice general

Agradecimientos

La realización de este libro no habría sido posible sin la valiosa ayuda prestada por una serie de firmas comerciales dedicadas a la Electricidad.

El trabajo del autor a lo largo de los distintos capítulos consiste en resumir esa información e intentar adaptarla a los contenidos exigidos en la Unidad Formativa «Mantenimiento de redes eléctricas subterráneas de baja tensión» del Certificado de Profesionalidad «Montaje y mantenimiento de instalaciones eléctricas de baja tensión».

Mi sincero agradecimiento a:

HIDROSTANK

UNIÓN FENOSA

ELECTRICIDAD BADENES

ENDESA

EON

IBERDROLA

GET

ARIAD

TOP CABLE

LUNSA

TE CONNECTIVITY RAYCHEN

PREFABRICADOS ALBERDI

NILED

SEBAKMT

HT INSTRUMENTS

BAUR

CATU

DERANCOURT

EGAMASTER

ISASTUR

PRIMA

MEGGER

ELECTRICIDAD PUNZANO

PCE INSTRUMENTS

IE CABO PEÑAS

INELGIR

SCHNEIDER ELECTRIC

URIARTE SAFYBOX

Prólogo

Este libro trata de analizar los distintos contenidos que figuran en la Unidad Formativa «Mantenimiento de redes eléctricas subterráneas de baja tensión» del módulo «Montaje y mantenimiento de redes eléctricas subterráneas de baja tensión» de la familia de Electricidad-Electrónica.

Indicar que el perfil del alumnado al que va dirigido es el de montaje, mantenimiento y reparación de instalaciones eléctricas de baja tensión en el ámbito del REBT.

En la unidad 1 se analizan las distintas partes que componen la red subterránea de *baja tensión* (BT), indicando los distintos tipos de distribución de estas redes.

También se indican los principales parámetros de esta red subterránea de BT.

En la unidad 2 se analizan las principales averías, así como su forma de diagnóstico, de las redes subterráneas de distribución de BT.

Se describen, también, los principales tipos de mantenimiento de estas redes, indicando las principales herramientas y equipos para realizar los mismos.

Por último se determinan las esenciales normas particulares que las empresas suministradoras utilizan en sus instalaciones.

Unidad 1

Identificación de las partes que componen la red subterránea de baja tensión

En esta unidad veremos:

1.1 Verificación de la normativa aplicada en redes subterráneas de baja tensión.

1.2 Tipos de distribución en redes subterráneas de baja tensión.

1.3 Esquemas en redes subterráneas de baja tensión.

1.4 Variación de los parámetros de la red de distribución, en función de las modificaciones de la misma.

Introducción

Las redes eléctricas de baja tensión son las que salen de los centros de transformación y llegan a cada uno de los distintos consumidores.

Las distintas partes que conforman las instalaciones de baja tensión son:

- Red de distribución.
- Acometidas
- Instalaciones de enlace.
- Instalaciones de interior o receptoras.

En la figura 1.1 se muestran las partes de la red eléctrica de BT.

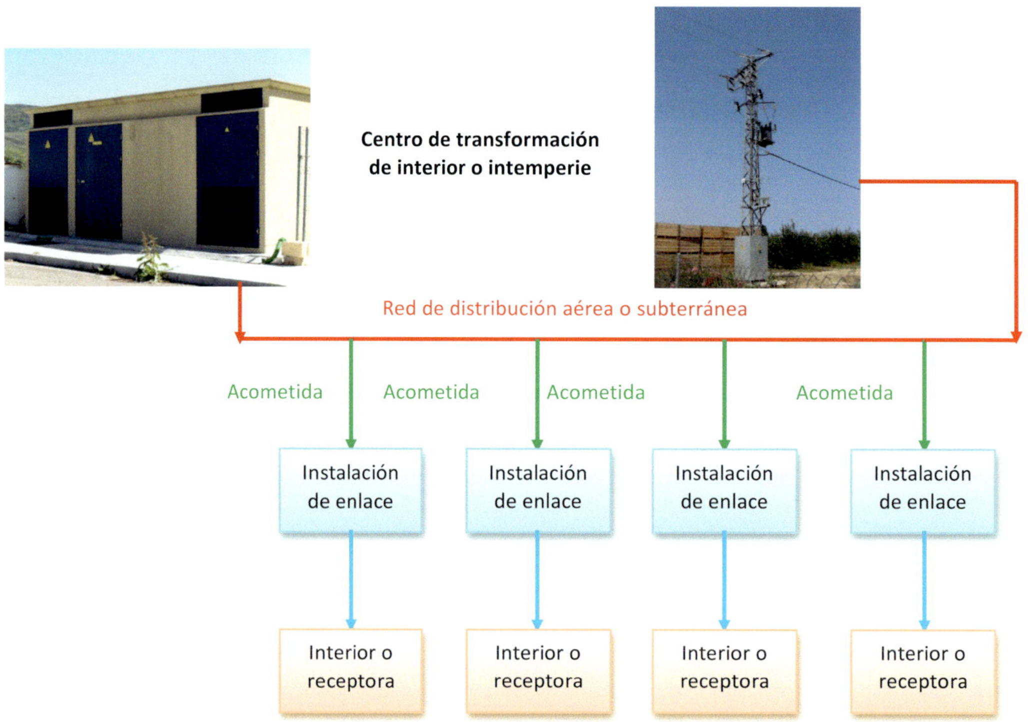

Figura 1.1 Partes de la red eléctrica de BT.

Las instalaciones de enlace están formadas por:

- Caja general de protección o similar.
- Línea general de alimentación.
- Centralización de contadores.
- Derivaciones individuales.
- Elementos de mando y protección.

Las instalaciones interiores o receptoras están formadas por la alimentación a los receptores de alumbrado y de fuerza.

Las distintas partes de las instalaciones de baja tensión pueden ser de tipo aéreo o subterráneo.

En este libro se analizan únicamente las instalaciones subterráneas de distribución, que son las que van desde la salida del centro de transformación a las instalaciones de enlace (considerando las acometidas como parte de la red distribución).

1.1 Verificación de la normativa aplicada en redes subterráneas de baja tensión

La normativa que se aplica en las redes subterráneas de baja tensión es variada y comprende, entre otros:

- **Reglamento electrotécnico para baja tensión.**

  Para las redes de distribución se aplica la ITC – BT – 07, que indica los tipos de cables que se utilizan, las condiciones que se deben contemplar para la ejecución de las instalaciones (cables, cruzamientos, proximidades y paralelismos y puesta a tierra y continuidad del neutro) y las intensidades máximas que se admiten en los cables.

  Para las acometidas se aplica la ITC – BT – 11, que señala los tipos de acometidas, instalación y características de los cables y conductores.

- **Proyectos tipo de las compañías eléctricas.**

  Es un documento que justifica todos los datos técnicos necesarios para el diseño, cálculo y construcción de distintas instalaciones eléctricas y que ha sido reconocido por la Administración para la obtención de la autorización correspondiente.

  En estos proyectos tipo se indican qué condiciones deben tener las redes de distribución para cada una de las principales compañías eléctricas.

  Existen proyectos tipo de redes de distribución subterráneas, entre otros, de:

  - Unión Fenosa.
  - Endesa.
  - Iberdrola.
  - Hidrocantábrico.
  - Eon.

- **Normas nacionales e internacionales.**

  Para este tipo de instalaciones se aplican normas, entre otras:

  - UNE 221435.
  - UNE 21144.
  - UNE - HD 603.

1.2 Tipos de distribución en redes subterráneas de baja tensión

Las redes eléctricas se pueden distribuir de varias formas.

En este apartado se indican las más utilizadas en media y baja tensión, como son:

- **Red radial o red en antena.**

  Se caracteriza por la alimentación por uno solo de sus extremos transmitiendo la energía de manera radial a los receptores.

  Es una distribución de gran simplicidad y facilidad. Son simples y de forma sencilla se equipan mediante protecciones selectivas.

  Su desventaja es su falta de garantía de servicio.

- **Red en bucle o anillo.**

  En este tipo de red cualquier punto de consumo puede ser alimentado por dos posibles caminos eléctricos; dado que uno solo de estos dos caminos es efectivo, la emergencia se realiza mediante esta posibilidad de bucle. Tiene gran seguridad de servicio y facilidad de mantenimiento.

  Su desventaja consiste en la mayor complejidad de la red y de los sistemas de protección.

- **Red mallada**

  Es el resultado de entrelazar anillos y líneas radiales que forman mallas. Su ventaja radica en la seguridad de servicio, flexibilidad de alimentación y facilidad de conservación y mantenimiento.

  Su desventaja es la mayor complejidad, extensiva a las protecciones, y el rápido aumento de las potencias de cortocircuito.

En las siguientes figuras se muestran algunos esquemas de los distintos tipos de distribución eléctrica:

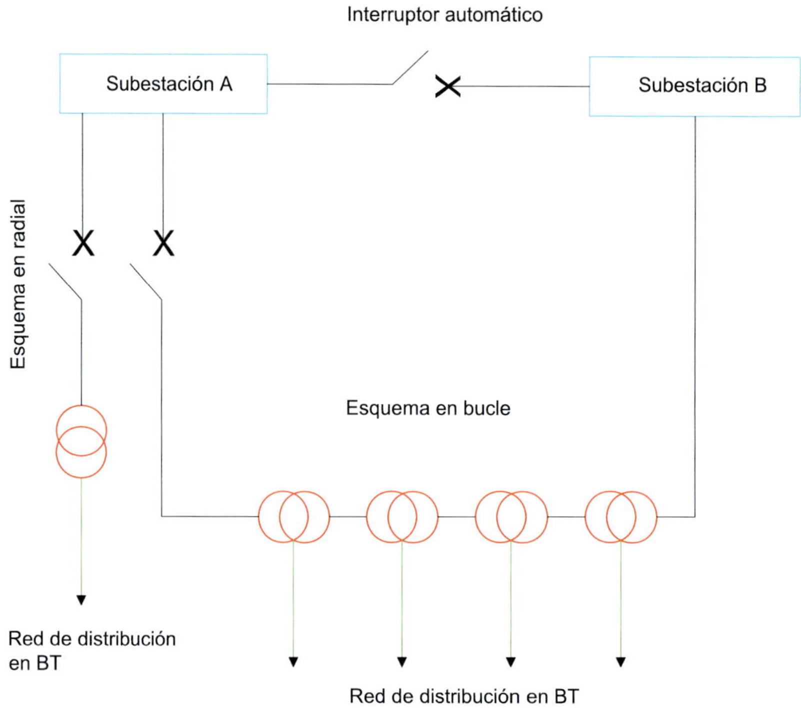

Figura 1.2 Esquema de red en radial y en bucle.

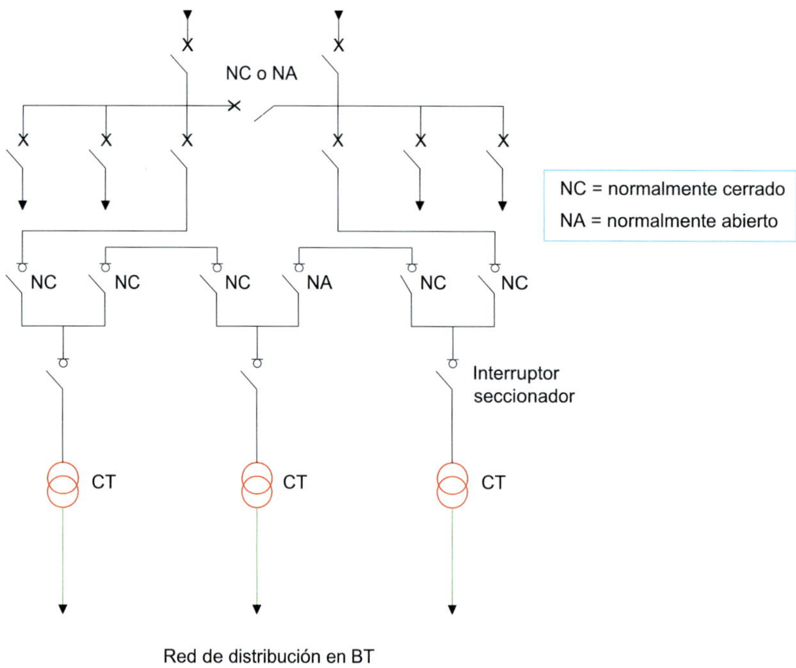

Figura 1.3 Conexión en bucle abierto.

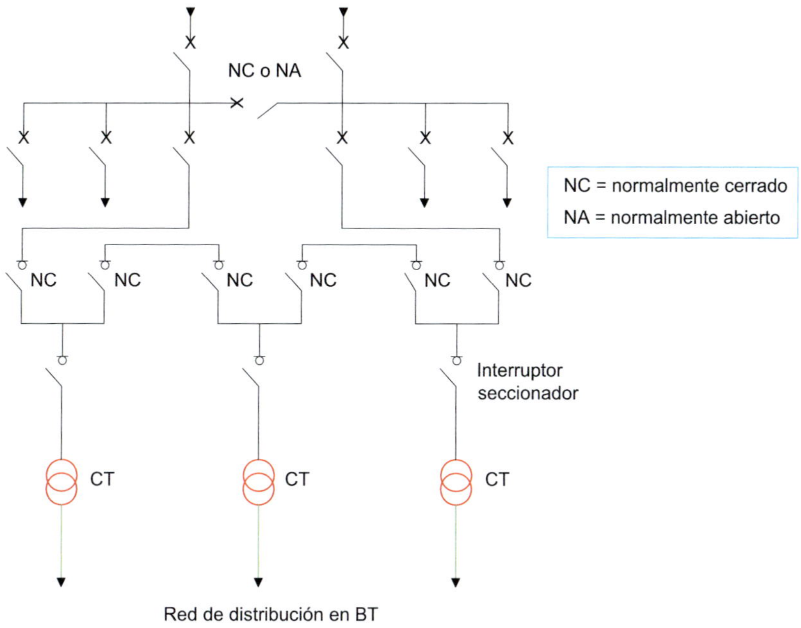

Figura 1.4 Conexión en bucle cerrado.

1.3 Esquemas en redes subterráneas de baja tensión

En el apartado anterior se indicaron los distintos tipos de distribución en redes eléctricas y ahora se analizan los esquemas más utilizados en redes subterráneas urbanas.

Definiciones

- **Subestación:** Centro transformador para la reducción de la tensión, con alimentación y salida en alta tensión. El espacio que se debe reservar para su instalación será preferentemente cuadrado.
- **Centro de reparto:** Centro fuertemente alimentado, en el que una o más líneas de alta tensión se derivan de otras de la misma tensión.
- **Centro de transformación:** Centro transformador para la reducción de tensión, con alimentación en media tensión y salida en baja tensión.
- **Centro de reflexión:** Centro que garantiza la alimentación de las líneas de alta tensión que en él concurren. Pueden proceder de una subestación o de un centro de reparto situados en la zona de actuación, mediante un circuito sin carga en explotación normal, denominado *circuito cero*, alimentado también desde dicha subestación o centro de reparto.
- **Línea de distribución en alta tensión:** Línea en alta tensión que, partiendo de una subestación, de un centro de reparto, o del final de la derivación en alta tensión, alimenta los centros de transformación.

Algunas características de las redes subterráneas urbanas son:

- Las redes urbanas con líneas de alimentación subterráneas son con explotación radial.
- Todos los centros de transformación y circuitos dispondrán de doble alimentación.
- La red será acopladora, para evitar cortes en maniobras programadas, y admitirá el trasvase de cargas. La estructura permitirá su adaptación según la evolución de la demanda a lo largo del tiempo.

La estructura que se expone a continuación, a título de ejemplo, tendrá los siguientes elementos:

- **Puntos de alimentación:** Serán siempre las salidas de *media tensión* (MT) en las subestaciones y, excepcionalmente, en centros de reparto.
- **Puntos de socorro:** Centros de reflexión.

Tanto los puntos de alimentación como los de socorro dispondrán de interruptores telemandados.

Las estructuras elementales son:

- **Pétalo:** Estructura formada por dos circuitos con origen en el mismo *punto de alimentación* (PA) y coincidentes en un punto denominado frontera, generalmente un *centro de transformación* (CT). En dicho punto, uno de los interruptores estará telecontrolado (el circuito abierto en el esquema). Además del punto frontera, los criterios de aplicación determinarán los centros de transformación de cada circuito que deberán ser telecontrolados.

  La explotación será radial y la sección del cable debe permitir la alimentación de todos los CT desde ambos circuitos.

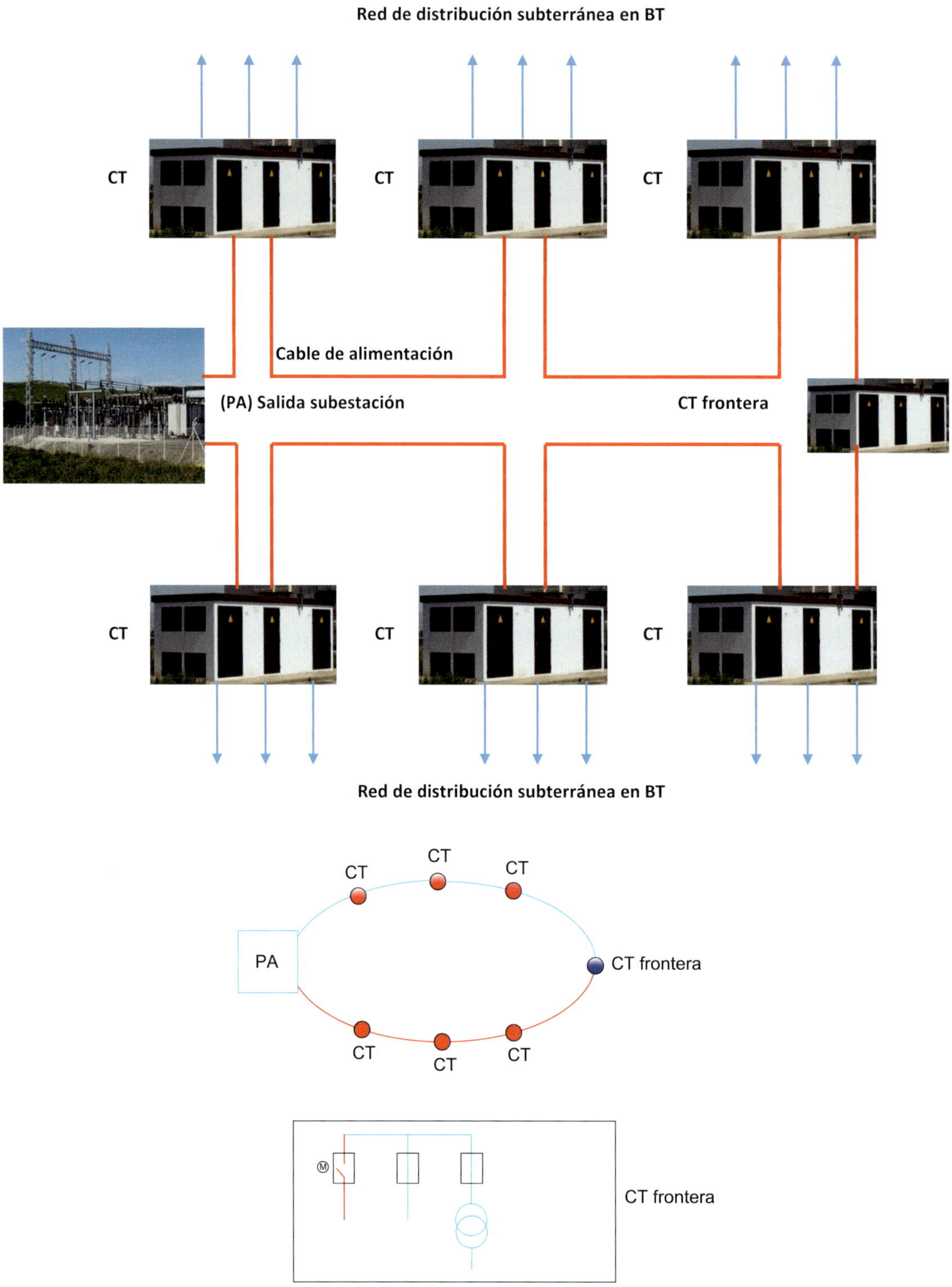

Figura 1.5 Estructura en pétalo.

- **Pétalo apoyado:** Estructura similar al pétalo, en la que los dos circuitos que lo forman parten de dos puntos de alimentación distintos.

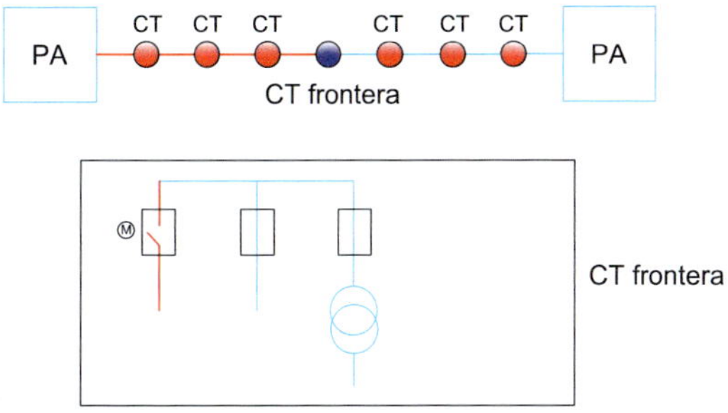

Figura 1.6 Estructura pétalo apoyado.

- **Huso:** Conjunto de circuitos con origen en el mismo punto de alimentación que confluyen en un punto de socorro, denominado *centro de reflexión* (CR).

  Uno de dichos circuitos, denominado *circuito cero* (0), no tiene centros de transformación conectados y permite disponer de toda su capacidad en el punto de socorro, para alimentación, desde este punto hasta los restantes circuitos en caso de que fallara en cualquiera de ellos.

  Los interruptores correspondientes a los cables activos del centro de reflexión estarán telecontrolados. El correspondiente al cable cero no necesita ser telecontrolado. Además del centro de reflexión, los criterios de aplicación determinarán los centros de transformación de cada uno de los circuitos que deberán ser telecontrolados.

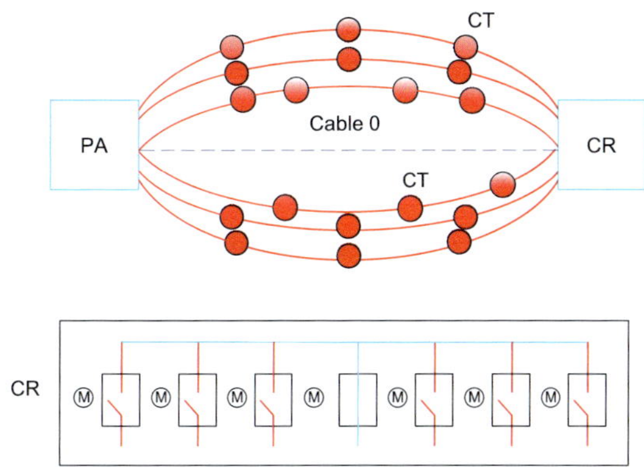

Figura 1.7 Estructura en huso.

- **Huso apoyado:** Estructura formada por husos de distinto punto de alimentación, con un centro de reflexión común, con cables cero, uno desde cada punto de alimentación.

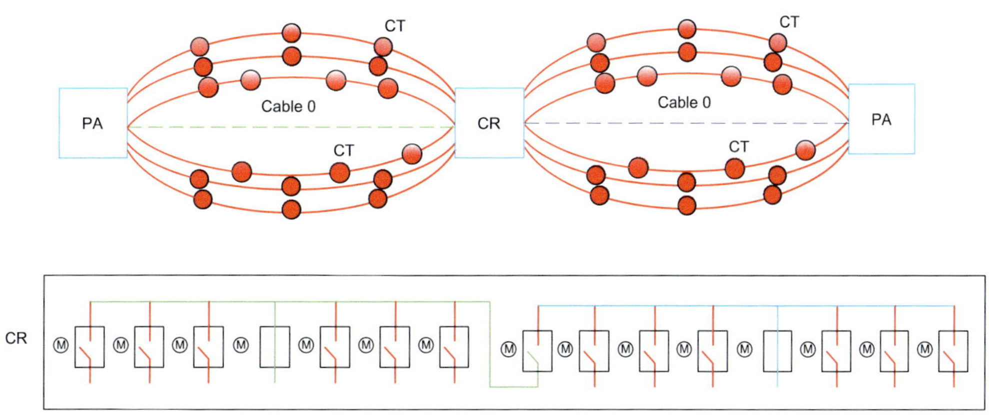

Figura 1.8 Estructura en huso apoyado.

- **Espiga:** Conjunto de circuitos con origen en el mismo punto de alimentación que confluyen en distintos puntos de socorro (centros de reflexión), apoyados por el mismo cable cero. Este cable cero alimentará a los circuitos activos en caso de que fallara en cualquiera de ellos. Los interruptores correspondientes a los cables activos del centro de reflexión estarán telecontrolados. El correspondiente al cable cero no necesita ser telecontrolado. Además del centro de reflexión, los criterios de aplicación determinarán los centros de transformación de cada circuito que deberán ser telecontrolados.

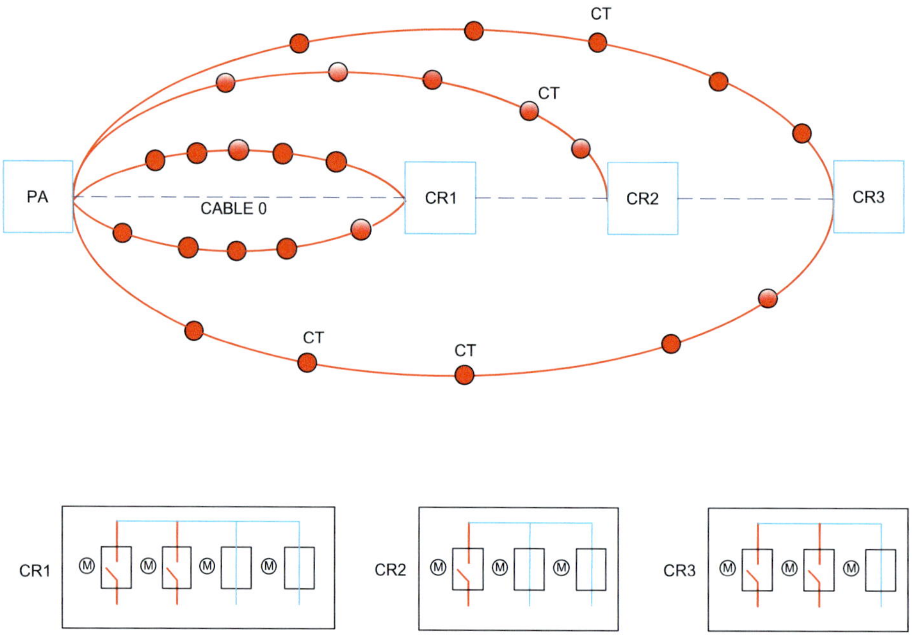

Figura 1.9 Estructura en espiga.

- **Espiga apoyada:** Espiga en la que los circuitos parten de distintos puntos de alimentación y confluyen en los puntos de socorro (centros de reflexión). La estructura dispondrá normalmente de cables cero, desde cada punto de alimentación, que finalizan en un centro de reflexión común.

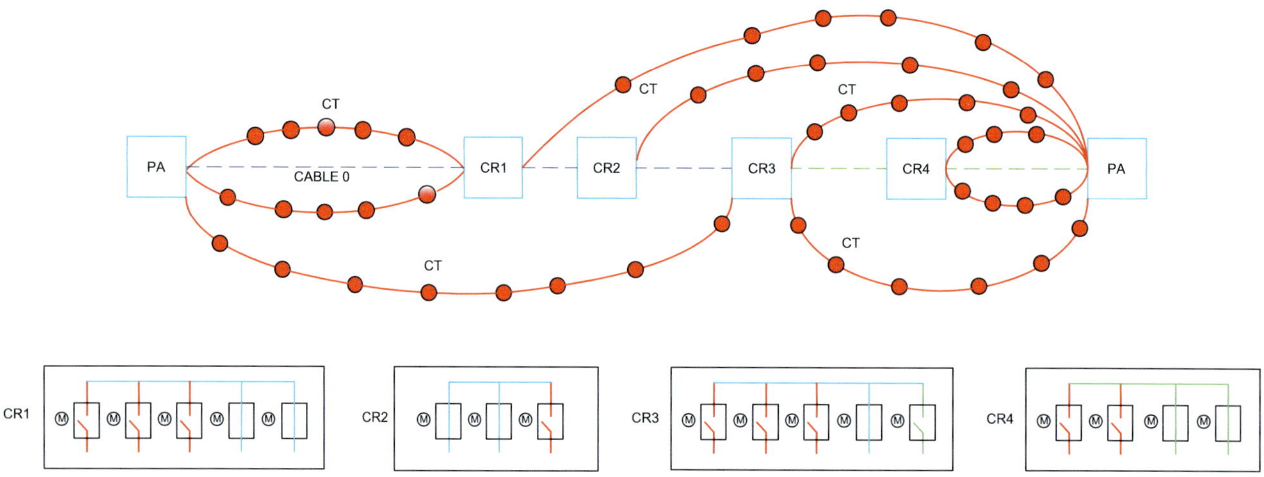

Figura 1.10 Estructura en espiga apoyada.

1.3.1 Esquema genérico de una red subterránea de baja tensión

En este apartado se indica un esquema de una red subterránea de BT con los distintos equipos de protección y seccionamiento.

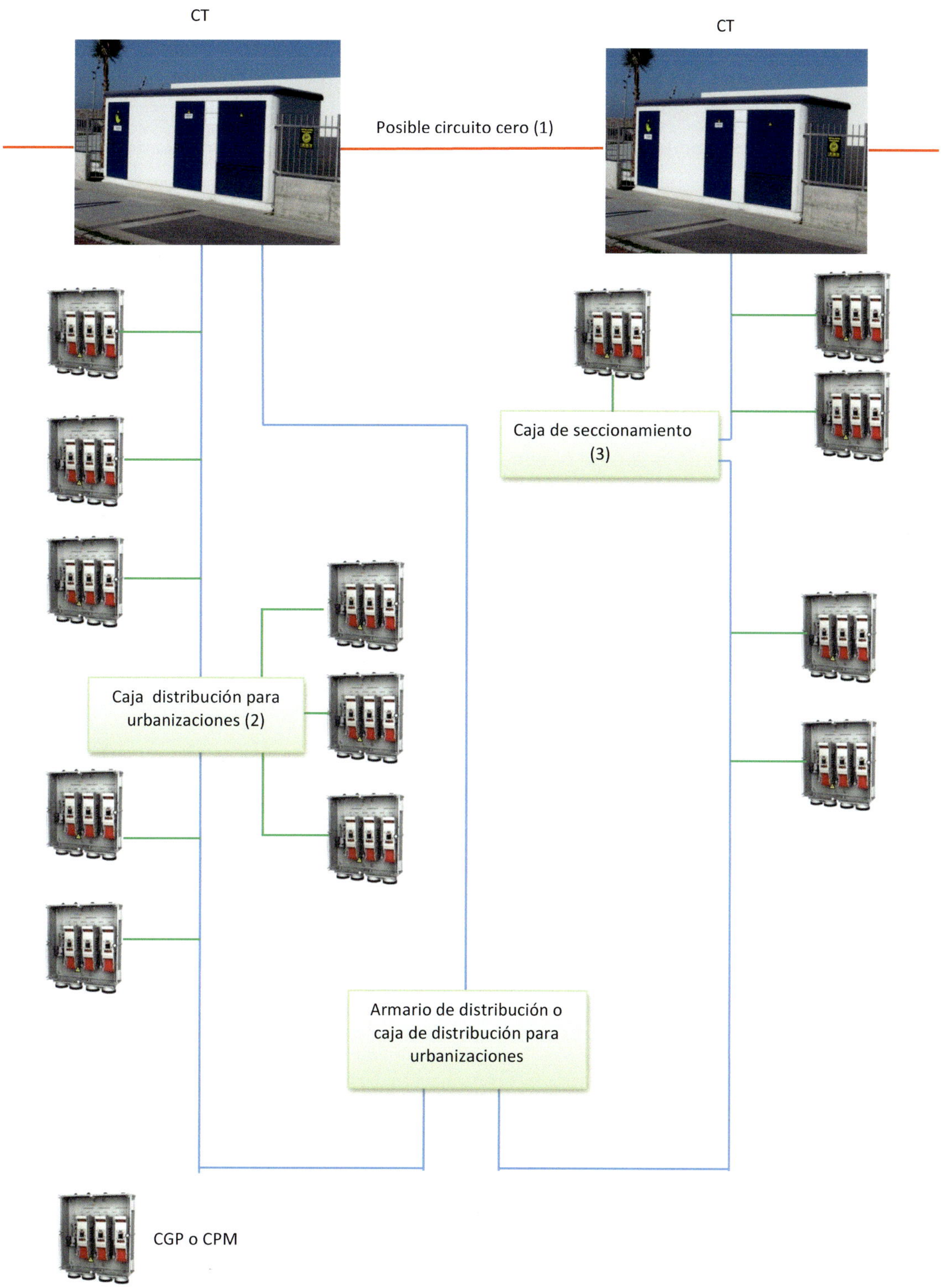

(1) Si se necesita
(2) Admite 4 salidas a CPM monofásica o bien 2 salidas a trifásica.
(3) Puede ser también una caja de distribución para urbanizaciones.

Figura 1.11 Esquema genérico de una red subterránea de baja tensión.

1.4 Variación de los parámetros de la red de distribución, en función de las modificaciones de la misma

Las líneas subterráneas de baja tensión se estructurarán a partir del centro de transformación de origen.

El sistema de tensiones alternas será trifásico con neutro.

En zonas de alta densidad de carga pueden formar redes malladas explotadas en forma radial, a cuyo efecto se dispondrán las cajas de seccionamiento oportunas.

Los conductores estarán protegidos en cabecera contra sobrecargas y cortocircuitos mediante fusibles clase gG.

1.4.1 Parámetros de las redes subterráneas de baja tensión

Los aspectos que con carácter general deberán tenerse en cuenta en el diseño de las líneas subterráneas de BT serán los siguientes:

- El valor de la tensión nominal asignada de la red subterránea de BT será de 400 V.
- Las redes de distribución en BT se diseñarán en consideración a que, con la previsión de cargas actual o futura de la red, ningún suministro llegue a una tensión inferior al 93 % de la tensión nominal de la red.
- Como criterio de cálculo para determinar la sección del conductor se considerará que la caída de tensión deberá ser inferior al 5 % de la tensión nominal asignada.
- La carga máxima de transporte se determinará en función de la intensidad máxima admisible en el conductor y del momento eléctrico de la línea.
- En las redes subterráneas de BT, las derivaciones saldrán, en general, de cajas de entrada y salida de un cable de BT principal. Así, en caso de avería de un tramo de cable subterráneo de BT, se facilita la identificación y separación del tramo averiado.
- Las derivaciones de líneas secundarias se efectuarán en cajas de distribución o en cajas de seccionamiento, en las que se ubicarán, si procede, fusibles de protección de calibre apropiado, selectivos con los de cabecera.
- El conductor neutro estará conectado a tierra a lo largo de la línea de BT, por lo menos cada 200 m, en los armarios de distribución y en todos los finales, tanto en las líneas principales como en sus derivaciones.

En función de la densidad de población las redes subterráneas son:

Zonas urbanas de alta densidad

Los elementos constitutivos de la red de zonas urbanas de alta densidad son:

- Cuadro de distribución de BT en CT.
- Armarios de distribución y derivación urbana.
- Cajas de seccionamiento.
- Acometidas.
- Conductores, empalmes, derivaciones y terminales.

En el cuadro de distribución de BT del CT se procurará que la carga máxima de las salidas sea equilibrada, de acuerdo con la potencia del transformador. Los consumos de la explotación se seleccionarán y escalonarán según la potencia absorbida, lo cual comportará el estudio del resto de la red en cuanto a armarios y cajas a instalar.

En la figura 1.12 se muestra donde empieza la red de distribución de BT.

Figura 1.12 Cuadro de distribución de BT del CT con fusibles de tipo gG.
Fuente: Electricidad Badenes.

Los armarios de distribución y derivación urbana están provistos de una entrada y hasta tres salidas.

Se emplearán para efectuar derivaciones importantes de la red principal de BT, constituyendo puntos de reparto con seccionamiento y protección.

Las cajas de seccionamiento son cajas empotradas o adosadas inmediatamente debajo de la CGP de la finca. Facilitan la localización y separación de averías en los cables subterráneos de BT, y la alimentación de socorro.

Se instalarán en aquellas líneas en las que, en función de la explotación, se considere necesario introducir puntos de seccionamiento en la línea principal de BT.

Zonas urbanas de densidad media y nuevas urbanizaciones

Los elementos constitutivos de este tipo de red son:

- Cuadro de distribución de BT en CT.
- Armarios de distribución y de derivación urbana.
- Cajas de seccionamiento.
- Caja de distribución para urbanizaciones.
- Acometidas.
- Conductores, empalmes, derivaciones y terminales.

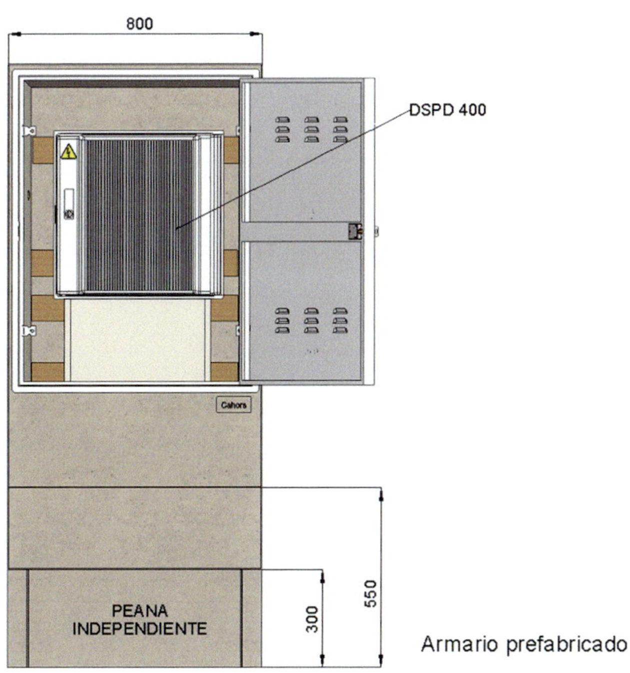

Figura 1.13
Armario de distribución. Fuente: Cahors.

En zonas residenciales o urbanizaciones de viviendas unifamiliares, en lugar de cajas de seccionamiento se utilizarán cajas de distribución para urbanizaciones.

Podrán estar alimentadas desde un armario de distribución de BT en CT, un armario de distribución y derivación urbana o de otra caja de distribución para urbanizaciones.

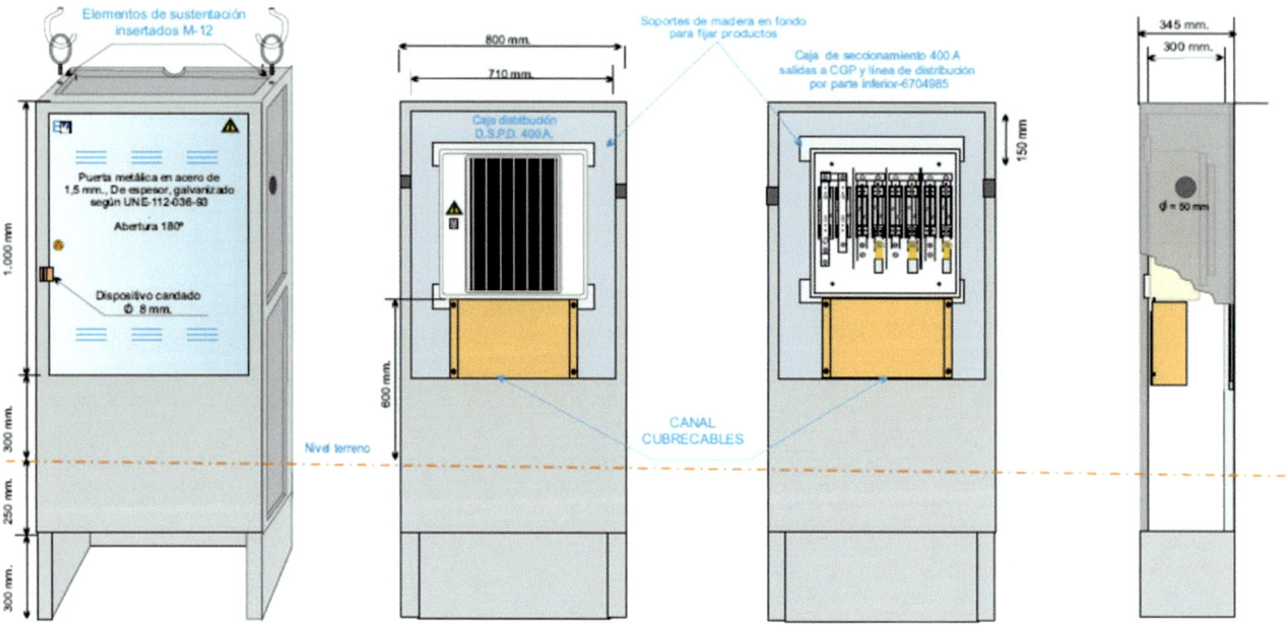

Figura 1.14 Caja de seccionamiento de 400 A. Fuente: GET.

Test de evaluación

1. La línea general de alimentación pertenece a la instalación de:
   a) Enlace
   b) Interior
   c) Acometida

2. Los proyectos tipo de las compañías eléctricas no son reconocidos por la Administración.
   a) Verdadero
   b) Falso

3. ¿Qué tipo de estructura de red se caracteriza por ser alimentada por uno solo de sus extremos?
   a) Huso
   b) Radial
   c) Bucle

4. ¿Qué tipo de estructura de red se caracteriza porque cualquier punto de consumo puede ser alimentado por dos posibles caminos?
   a) Huso
   b) Radial
   c) Bucle

5. Un centro fuertemente alimentado en el que una o más líneas de alta tensión se derivan de otras de la misma tensión es:
   a) Centro de transformación
   b) Subestación
   c) Centro de reparto

6. El circuito cero es un circuito:
   a) Sin carga
   b) Con carga
   c) Sin carga en explotación normal

7. Las líneas de distribución pueden ser:
   a) En alta tensión
   b) En alta y en baja tensión
   c) En baja tensión

8. Una característica de la red subterránea urbana es que los centros de transformación y circuitos dispondrán de doble alimentación.
   a) Verdadero
   b) Falso

9. Los puntos de alimentación serán siempre las salidas de MT en:
   a) Subestaciones
   b) Centros de transformación
   c) Excepcionalmente en centros de reparto

10. La estructura formada por dos circuitos con origen en el mismo punto de alimentación (P) y coincidentes en un punto denominado frontera, generalmente un centro de transformación (CT), es:
   a) Huso
   b) Pétalo
   c) Espiga

11. En el esquema de la figura indica:

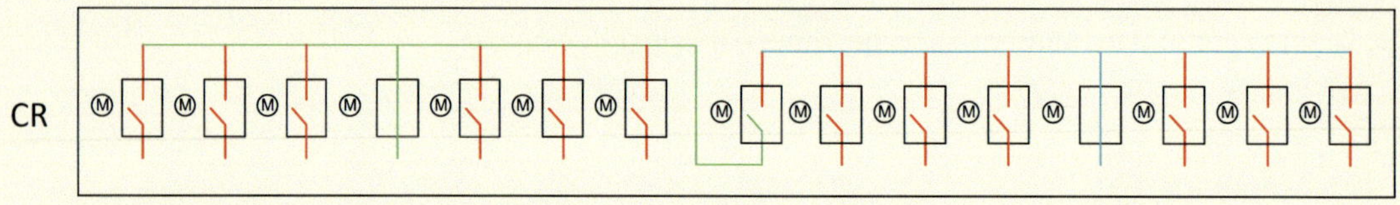

a) ¿Cuántos puntos de alimentación existen y por qué?
b) ¿Cuántos centros de reparto existen?
c) ¿De qué estructura eléctrica se trata?
d) ¿Sabes qué indica el signo M?

12. Como criterio de cálculo para determinar la sección del conductor se considerará que la caída de tensión deberá ser inferior al 5 % de la tensión nominal asignada.
a) Verdadero
b) Falso

13. Las derivaciones de líneas secundarias se efectuarán en cajas de distribución o en cajas de seccionamiento, en las que se ubicarán, si procede, fusibles de protección de calibre apropiado, selectivos con los de cabecera.
a) Verdadero
b) Falso

14. El REBT indica que en los esquemas de distribución TT y TN el conductor neutro deberá estar puesto a tierra como mínimo una vez cada 500 m. Las compañías eléctricas suelen fijar esa distancia en:
a) 100 m
b) 200 m
c) 300 m

15. En las redes subterráneas de BT las derivaciones saldrán, en general, de cajas de entrada y salida de un cable de BT principal. Así, en caso de avería de un tramo de cable subterráneo de BT, se facilita la identificación y separación del tramo averiado.
a) Verdadero
b) Falso

16. Las cajas de seccionamiento son cajas empotradas o adosadas inmediatamente debajo de:
a) Centralización de contadores
b) CGP de la finca
c) Acometida

17. Las cajas de seccionamiento facilitan la localización y separación de averías en los cables subterráneos de BT y la alimentación de socorro.
a) Verdadero
b) Falso

18. En zonas residenciales o urbanizaciones de viviendas unifamiliares no se utilizará ninguna caja de distribución.
a) Verdadero
b) Falso

Unidad 2

Mantenimiento y reparación en redes eléctricas subterráneas de baja tensión

En esta unidad veremos:

2.1 Diagnóstico y localización de averías. Sintomatología, técnicas empleadas y características fundamentales.

2.2 Normas y procedimientos. Normas particulares de la compañía suministradora.

2.3 Herramientas empleadas para el mantenimiento de instalaciones. Función, utilización y tipos empleados.

2.4 Mantenimiento predictivo. Mantenimiento preventivo. Mantenimiento correctivo. Mantenimiento de una línea subterránea de baja tensión. Medidas y controles.

2.5 Termografía. Medida de la resistencia de puesta a tierra, entre otras.

2.6 Revisiones de mantenimiento. Reconocimiento reglamentario.

2.7 Conexión/desconexión de redes subterráneas de baja tensión. Permisos. Comprobaciones y actuaciones previas.

2.8 Relación con la compañía suministradora. El despacho del control eléctrico.

2.9 Elaboración de informes de actividad y resultados.

Introducción

Las redes subterráneas para distribución en baja tensión pueden ser directamente enterradas, en canalizaciones entubadas o al aire en galerías.

Los principales elementos de las redes subterráneas de baja tensión son:

Cables y conductores

Pueden ser de cobre o de aluminio. Los cables pueden ser de uno o más conductores y de tensión asignada no inferior a 0,6/1 kV.

La sección mínima no será inferior a 6 mm^2 para conductores de cobre y a 16 mm^2 para los de aluminio.

Las distintas capas están formadas por un aislante que puede ser de polietileno reticulado (XLPE) o de etileno propileno (EPR). También, aunque no es muy utilizado como aislante, puede ser de policloruro de vinilo (V).

La cubierta (protección mecánica) es de policloruro de vinilo (V) o de poliolefina (Z1).

Un ejemplo de designación de estos cables y conductores es: RV 0,6/1 kV 1 × 25 AL

R = Aislante de XLPE

V = Cubierta de PVC

0,6/1 kV = Tensión asignada

1 × 25 AL = Cable unipolar de 25 mm^2 de sección y conductor de aluminio.

En las siguientes figuras se muestra los distintos tipos de conductores utilizados en redes subterráneas de BT:

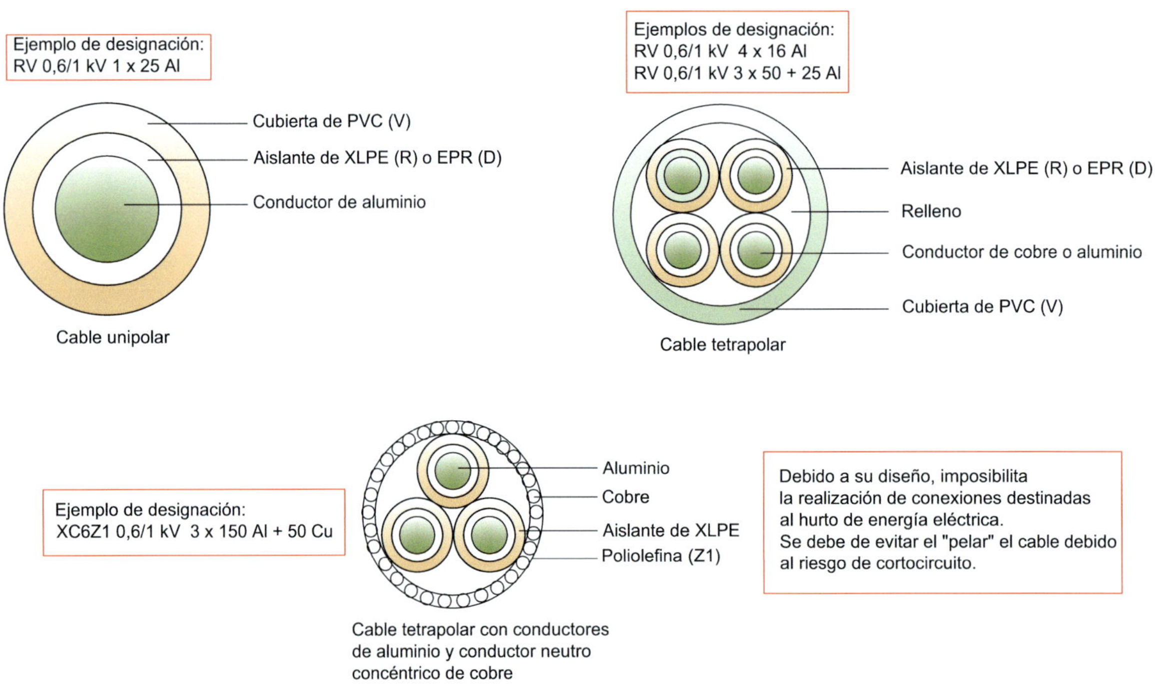

Figura 2.1 Tipos de conductores utilizados en redes subterráneas de BT.

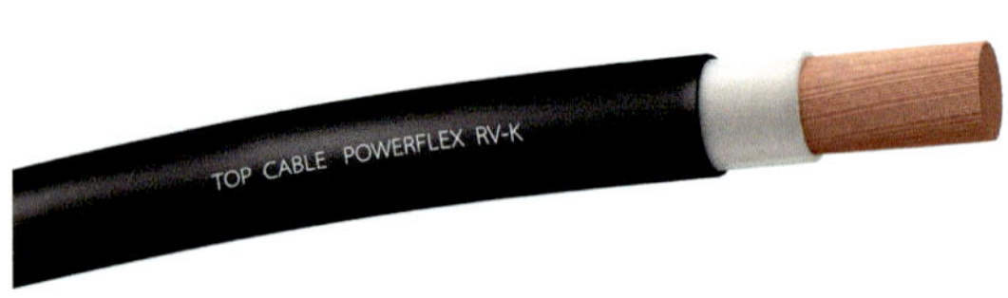

Figura 2.2 Cable unipolar. Fuente: Top Cable.

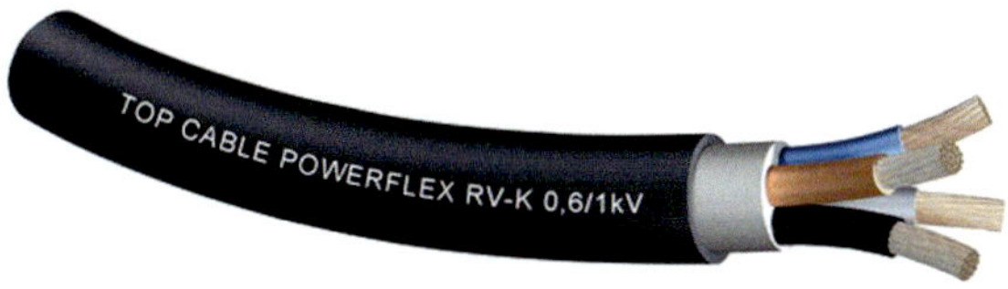

Figura 2.3 Cable tetrapolar. Fuente: Top Cable.

Las secciones, en mm², utilizadas para este tipo de instalación, son:

- Aluminio: 25 / 50 / 95 / 150 / 400
- Cobre: 25/ 50 / 95 / 150 /240

La continuidad del conductor neutro quedará asegurada en todo momento. La red de distribución únicamente podrá ser interrumpida por dispositivos de protección de las fases, asegurándose la continuidad del neutro mediante el uso de pletinas amovibles.

Empalmes y terminaciones

El proceso de realización de un empalme es el siguiente:

1. Cruzar suficientemente los cables para que las puntas queden sin los posibles desperfectos del tendido o cortado.
2. Limpiar cables en la zona de trabajo y serrar.
3. Preparar las puntas.
4. Introducir manguito termorretráctil en el cable, colocar el manguito empalme y punzonar.
5. Contraer el manguito termorretráctil bien centrado. La contracción se comenzará por el centro del manguito, cerrando hacia los extremos.

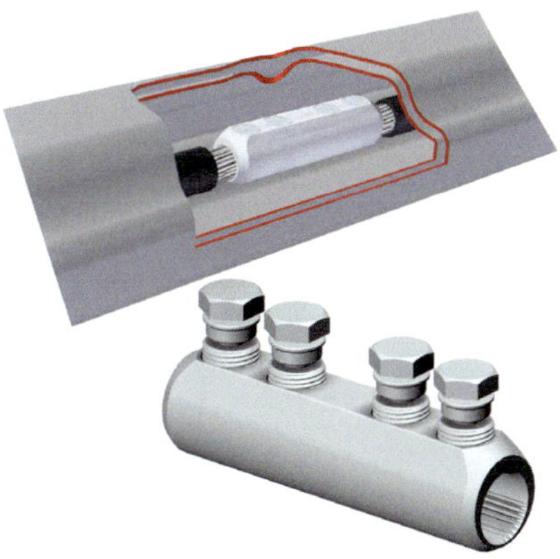

Figura 2.4 Manguitos de conexión y empalme. Fuente: Niled.

El proceso de realización de un terminal es el siguiente:

1. Cortar la cubierta y el aislamiento del cable, dejando al descubierto la cuerda en una longitud de L + 10 mm. La cota L se establecerá en función de la longitud de penetración que el terminal tenga en cada caso.
2. Retirar la cubierta del cable en una longitud de 50 mm.
3. No dañar el aislamiento del cable al cortar la cubierta ni la cuerda al retirar el aislamiento; para estas operaciones utilizar el cuchillo pelacables aislado.
4. Colocar el terminal adecuado según la sección del cable y efectuar la compresión utilizando para cada caso los útiles de engastado que figuran en la especificación técnica correspondiente.

Figura 2.5
Empalme en un cable subterráneo de baja tensión.
Fuente: Lunsa.

Figura 2.6
Kit de empalme de baja tensión en Gel.
Fuente: Te Connectivity Raychen.

5. A continuación se limpiará con disolvente toda la superficie sobre las que deben aplicarse las cintas de aislamiento. Las huellas producidas por la compresión, así como cualquier irregularidad, se taponarán con goma de caucho aislante, al objeto de facilitar el encintado.
6. Aplicar una capa de cinta aislante autovulcanizable semisolapada y con una elongación del 50 al 100 %. En el caso de que la terminación sea para exterior se efectuarán varias capas hasta conseguir un espesor de aislamiento de 1,5 veces el grosor del cable.

Canalizaciones

Las canalizaciones para las redes de distribución en baja tensión deben cumplir las condiciones generales para cruzamientos, proximidades y paralelismo que se indican en la ITC – BT – 07 del REBT.

En las siguientes figuras se muestran algunas de estas condiciones que deben cumplir las canalizaciones directamente enterradas y las canalizaciones entubadas.

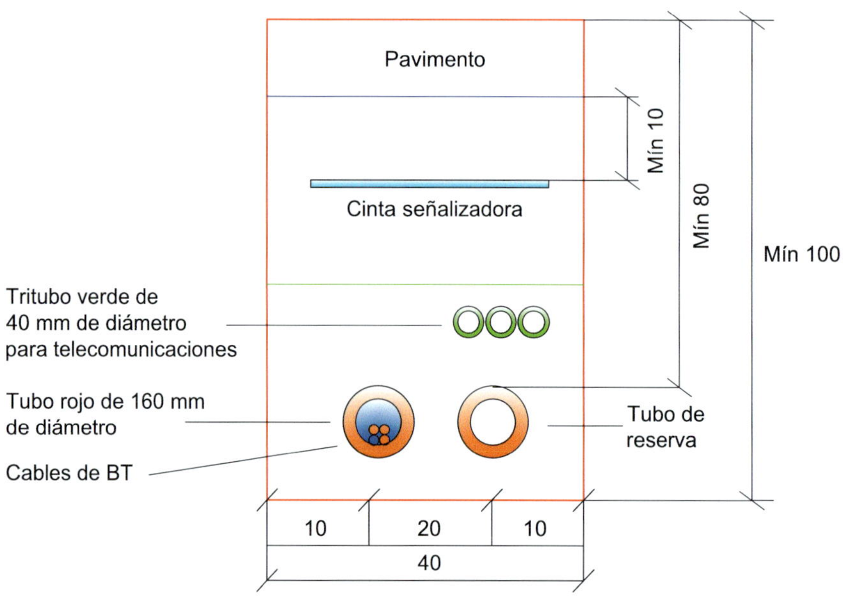

Figura 2.7 Cruzamiento de línea subterránea con calzada.

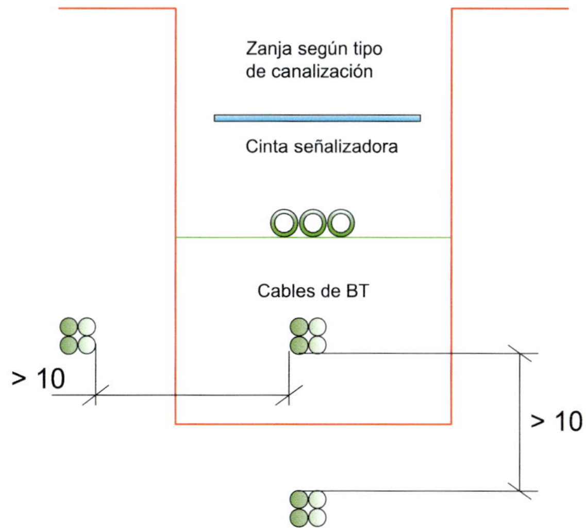

Figura 2.8 Cables enterrados con paralelismo con cables eléctricos.

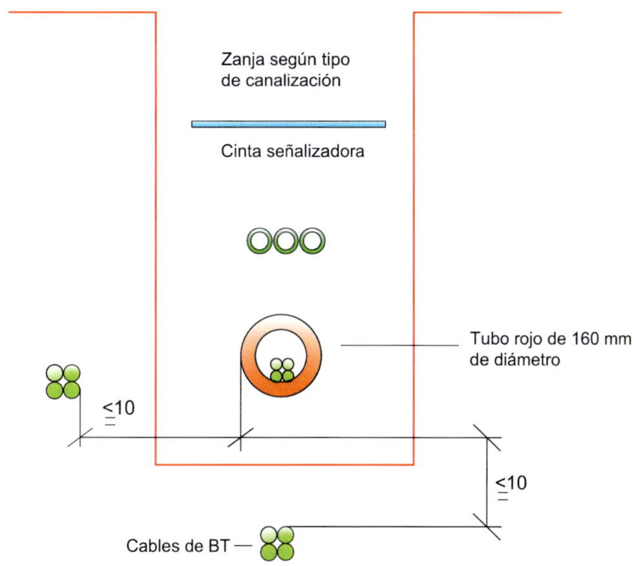

Figura 2.9 Cables entubados con paralelismo con cables eléctricos.

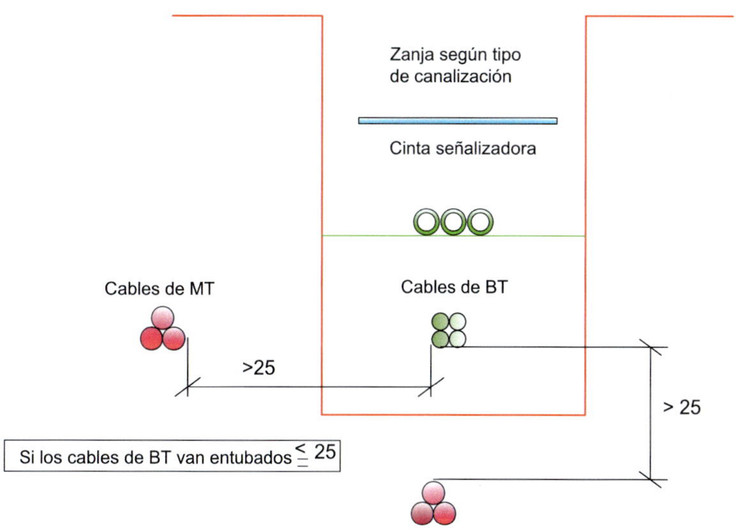

Figura 2.10 Paralelismo con cables eléctricos de media tensión.

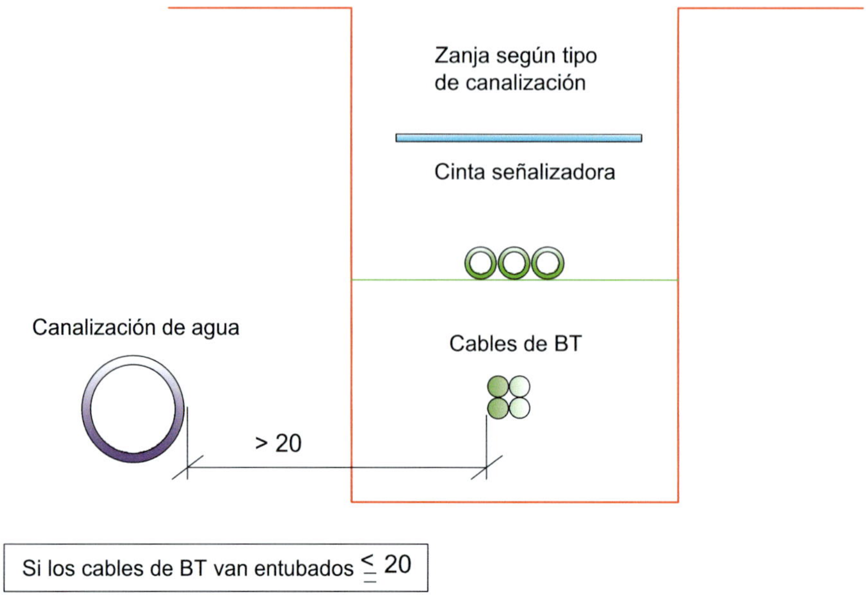

Figura 2.11 Paralelismo con canalización de agua.

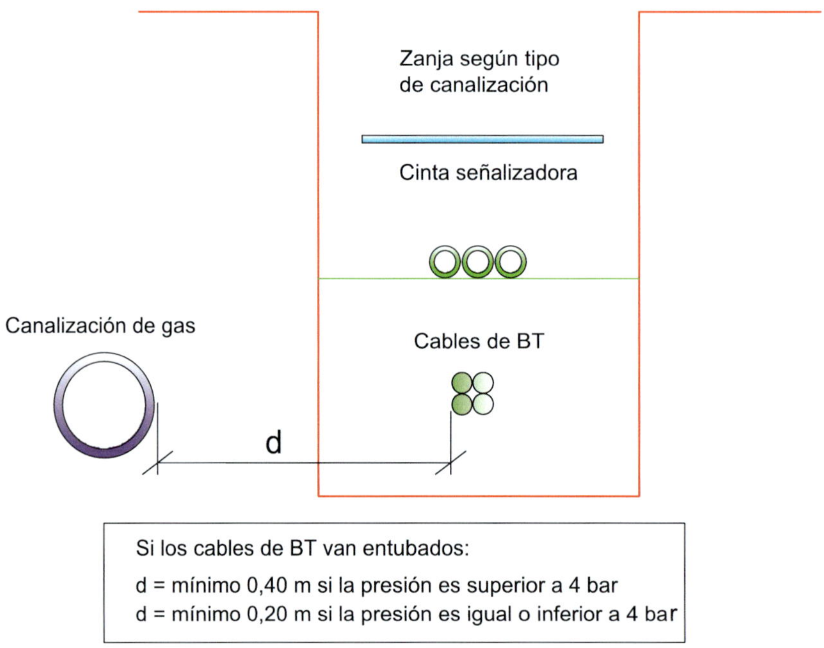

Figura 2.12 Paralelismo con canalización de gas.

Canalizaciones en galerías

Las galerías pueden ser de dos tipos:

- **Galerías visitables:** Este tipo de canalización se evitará en lo posible, se utilizará únicamente en el caso de que el número de conducciones sea tal que justifique la realización de este tipo de galerías.
- **Galerías o zanjas registrables:** En este tipo de galerías se admite la instalación de cables eléctricos de alta tensión, de baja tensión, de alumbrado, de control y de comunicación.

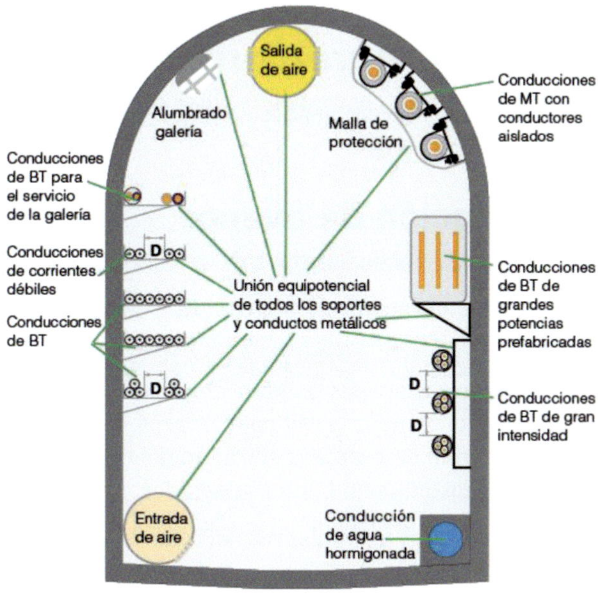

Figura 2.13 Galería para el servicio eléctrico.
Fuente: Manual Teórico Práctico (nº 1, tomo F, página F/204) de Schneider Electric.

Arquetas de registro

Se procede al empleo de puntos de acceso en la red de baja tensión en los casos de conexión de acometidas, derivaciones, empalmes y en aquellos otros puntos que sean necesarios, para hacer posible el tendido y sustitución de los cables entre dos puntos de acceso consecutivos.

Estos puntos de acceso facilitarán los tendidos de líneas a realizar en distintas fases, y se evitarán permisos y molestias al romper pavimentos.

Figura 2.14
Arqueta para canalización subterránea.
Fuente: Prefabricados Alberdi.

Protecciones

Con carácter general, los conductores estarán protegidos por los fusibles o interruptores automáticos existentes en la cabecera de la línea principal, que avancen del centro de transformación.

El calibre de los fusibles puede ser:

Sección nominal (mm²)	Calibre del fusible IN (A)
50	160
95	200
150	315
240	400

Tabla 2.1. Calibre de los fusibles de protección contra sobreintensidades situados en el cuadro modular de BT, en el centro de transformación.

2.1 Diagnóstico y localización de averías. Sintomatología, técnicas empleadas y características fundamentales

En este apartado se analizan las distintas técnicas empleadas en el diagnóstico y localización de averías en redes de distribución subterráneas de baja tensión.

2.1.1 Diagnóstico y localización de averías

En general, para cualquier tipo de cable subterráneo, los tipos de averías más comunes son:

- **Cortocircuitos:** Los daños en el aislamiento provocan una conexión de baja impedancia de dos o varios conductores en el punto de la avería.
- **Contacto a tierra/cortocircuito a tierra:** Las averías pueden surgir por el contacto a tierra (conexión de baja impedancia con el potencial de tierra) de una red compensada o aislada, o por el cortocircuito a tierra de una red puesta a tierra. Otro tipo de avería es el contacto a tierra en dos fases, consistente en dos contactos a tierra en conductores distintos en puntos separados.
- **Roturas de cables:** Los daños mecánicos y los movimientos del terreno pueden provocar roturas en uno o varios conductores.
- **Fallos intermitentes:** A menudo los fallos no son constantes, sino que surgen en determinados momentos, dependiendo de la carga soportada por el cable. Este fenómeno puede deberse a que los cables con aislamiento de aceite se hayan secado cuando la carga era baja. Otras causas pueden ser las descargas parciales por envejecimiento o las arborescencias eléctricas en los cables con aislamiento de plástico.
- **Averías en las cubiertas de los cables:** Los daños en la cubierta externa de un cable no siempre provocan directamente una avería, pero pueden provocar fallos a largo plazo debido, entre otras causas, a la penetración de humedad o a los desperfectos en el aislamiento.

Las causas más frecuentes de las averías en cables subterráneos son:

- Envejecimiento.
- Los daños mecánicos.
- La sobretensión.
- Los esfuerzos térmicos excesivos.
- La corrosión.
- El tendido incorrecto de los cables.
- Los defectos de fabricación.
- Los daños provocados por el transporte y almacenamiento.

En general, las pruebas en una línea subterránea de baja tensión, son las siguientes:

- Verificar la continuidad y el orden de fases.
- Medir la resistencia de aislamiento.
- Ensayo de rigidez dieléctrica del aislamiento del cable.

Continuidad del cable

Para verificar la continuidad del cable, se forma un bucle puenteando dos fases en uno de sus extremos, y en el otro se conecta un megaóhmetro entre estas dos fases y se aplica tensión.

Una medición elevada de impedancia detectaría la discontinuidad del cable.

Verificación de la identificación de las fases

Para identificar las fases, se pone en un extremo del cable una fase a tierra y en el otro extremo se conecta el megaóhmetro, y entre cada una de las fases y tierra se aplica sucesivamente una tensión de 500 V. La menor de las tres medidas corresponderá a la misma fase en ambos extremos.

En las redes de distribución trifásicas de BT y en las acometidas, es importante respetar el orden de fases, pues un orden inadecuado produce, por ejemplo, la inversión del sentido de giro de un motor trifásico.

Otro método utilizado es el indicador de sucesión de fases de campo giratorio.

Recuerda...

Para cambiar el sentido de giro de un motor trifásico se invierte la conexión de una de las fases de alimentación.

Ejemplo

Supongamos que en una *caja general de protección* (CGP) se quiere sustituir la sección del cable.

Al conectar la nueva acometida hemos de asegurarnos que el orden de sucesión de fases de esta coincidirá con el de la antigua. Para ello se procederá de la siguiente forma:

1. Antes de desconectar la primera acometida, conectaremos los hilos del comprobador a cada una de las fases de la CGP.
2. Verificar el sentido de giro que marca el comprobador.
3. Una vez tendida la nueva acometida y antes de hacer las conexiones definitivas a los fusibles de la CGP, conectar los hilos del comprobador a cada una de las fases del cable, verificando que el orden de sucesión de fases es el mismo que el de la instalación anterior. En caso contrario, alternando el orden de dos fases se corregirá el problema.

El comprobador de orden de sucesión de fases de campo giratorio es un pequeño motor trifásico asíncrono, que gira en un sentido u otro según la conexión.

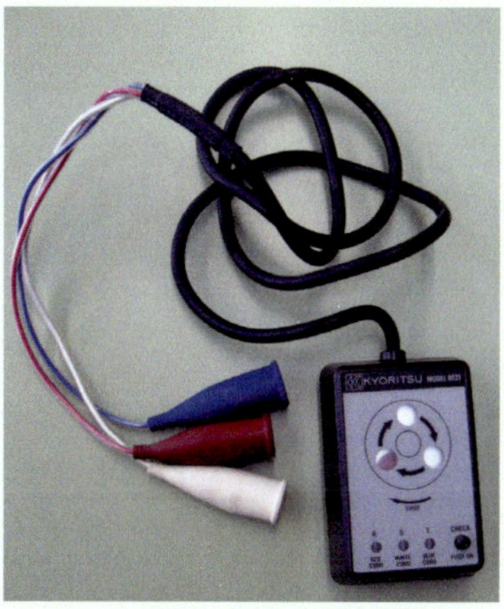

Figura 2.15
Comprobador de orden de sucesión de fases de campo giratorio.

Medida de la resistencia de aislamiento

La resistencia de aislamiento depende de:

- Las dimensiones del cable (sección, espesor del aislamiento y longitud del cable).
- La clase o composición del aislamiento.
- La humedad del aislamiento.

En general, el nivel de resistencia de aislamiento no es un valor para juzgar la seguridad de servicio del cable, solo una entrada de humedad causa una reducción de la resistencia, que puede afectar la seguridad de servicio del cable.

Debe tenerse en cuenta que los valores de la resistencia del aislamiento de empalmes y terminales influyen en los resultados de los ensayos correspondientes; por ejemplo, la superficie húmeda de un terminal puede conducir a falsas conclusiones.

Las condiciones de ensayo son:

- Con la ayuda de un megaóhmetro, con diferentes rangos de escalas, se aplicará una tensión continua de 500 V, durante un tiempo suficiente (entre 1 y 2 minutos), para que se obtenga una lectura estable.

- La medición de la resistencia del aislamiento se efectuará entre el conductor y pantalla o tierra.
- Los elementos de la instalación, ajenos al cable (interruptores, seccionadores, etc.), deben permanecer desconectados con el fin de no falsear los resultados de los ensayos.

Cálculos: La resistencia de aislamiento se calculará a partir de la fórmula siguiente:

$$R_a = \frac{R_m \cdot L}{1000}$$

Ra = Resistencia de aislamiento en MΩ · km

Rm = Resistencia medida en el ensayo en MΩ

L = longitud del cable, en m.

Nota: Los valores así calculados, serán menores que los obtenidos en los ensayos realizados en fábrica; esto es lógico teniendo en cuenta que estamos ensayando un cable ya instalado, con sus terminales, empalmes, entre otros.

Los valores obtenidos no deben ser inferiores a los indicados en la tabla 2.2:

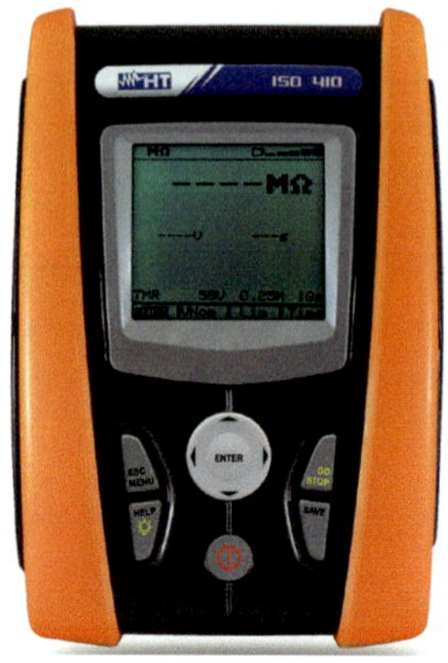

Figura 2.16
Medidor de resistencia de aislamiento y continuidad.
Fuente: HT Instruments.

Tensión nominal Uo/U (kV)	Sección del conductor (mm²)	Resistencia de aislamiento (MΩ · km)
0,6/1	< 25 > 25 y ≤ 95 > 95	30 20 15

Tabla 2.2 Resistencia mínima del aislamiento de cables con aislamiento seco de un solo conductor con otro concéntrico, pantalla o tierra.

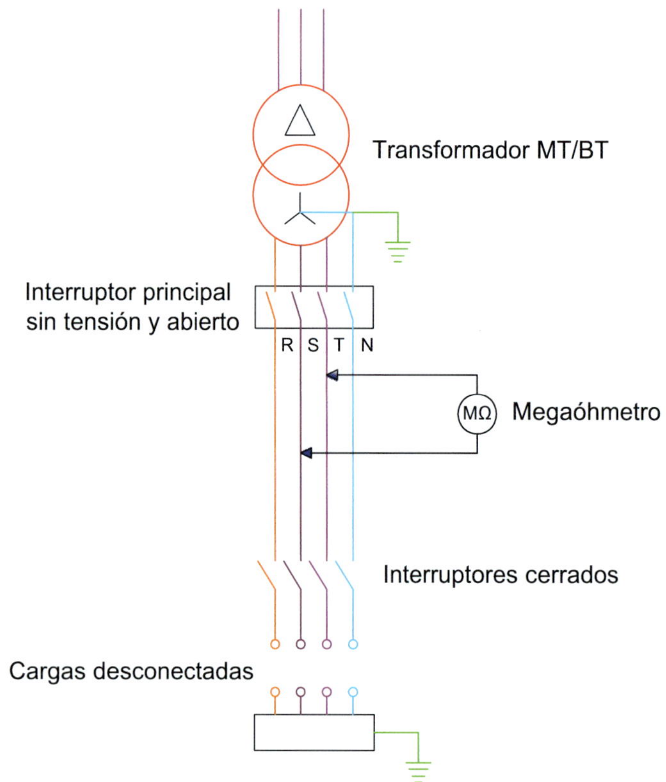

La medida de resistencia de aislamiento se hace entre la fase T y S. Luego repetir entre las otras fases.

Si el valor obtenido de resistencia es bajo (poco o nulo aislamiento), se podría deducir que la falta proviene de un cortocircuito entre fases.

Si se mide entre fases y tierra y se obtiene un valor muy pequeño, se podría deducir que ahora el cortocircuito es entre fase y tierra.

Figura 2.17 Medida de resistencia de aislamiento con el megaóhmetro.

Ensayo de rigidez dieléctrica del aislamiento

La medición de la rigidez dieléctrica (el valor límite de la intensidad del campo eléctrico en el cual un material pierde su propiedad aislante y pasa a ser conductor; se mide en voltios por metro, V/m) del aislamiento ya se ha efectuado en fábrica; sin embargo, se pretende realizar la puesta en servicio del cable con suficientes garantías.

El riesgo de dañar un cable nuevo depende esencialmente de la constante de tiempo en la descarga.

Recuerda...

Nunca se deberá descargar el cable que haya sido ensayado bajo tensión cortocircuitándolo.

Se deberá disponer de un equipo de generador en tensión en continua, se conectará la salida del equipo a una de las fases y la otra salida mediante una conexión de puesta a tierra. El valor de tensión se incrementará progresivamente hasta alcanzar el valor de 2,4 kV; dicho incremento se realizará lentamente de tal manera que se pueda controlar la intensidad de carga sin que existan bruscos incrementos de la misma.

Una vez alcanzado el nivel de tensión de prueba se mantendrá esta durante 5 minutos, observándose el nivel de tensión y la intensidad de fuga.

Se considera el ensayo superado si no se produce ninguna perforación.

2.1.2 Localización del punto de fallo

La localización del defecto por simple inspección presenta varios inconvenientes pues, en la mayoría de los casos, el punto de la avería no es visible.

Para localizar, de forma aproximada, el punto de conductores puestos a tierra o en cortocircuito se utiliza el método de los puentes (Murray y Varley). Estos puentes de medida no pueden localizar fallos de rotura de cables ya que no es posible hacer circular corrientes por los mismos.

Para la detección de fallos por rotura, se miden las capacidades de las dos partes en que se divide el conductor que forma el lazo y, por relaciones de capacidades, se obtiene la distancia hasta el punto de avería.

Puente de Murray

Se compone de un lazo en el cual se conecta una línea sana (puede ser una línea sin defecto de la propia instalación o un cable auxiliar) creando un lazo de resistencia R_{lazo}. El lazo creado se conecta según se muestra en las figuras 2.18 y 2.19, estableciendo un circuito tipo puente.

El circuito puente creado está formado por cuatro resistencias:

- R_2 = Resistencia de valor fijo y conocido.
- R_3 = Resistencia variable de valor conocido.
- R_{lazo} = Resistencia de valor fijo y conocido.
- R_x = Resistencia de valor fijo y desconocido.

La configuración del puente permite conocer el valor de la relación $R_{lazo}-R_x$ ya que se cumple:

$$\frac{R_2}{R_3} = \frac{R_{lazo} - R_x}{R_x}$$

El galvanómetro, necesario para determinar la condición de cero, se conecta entre los terminales del lazo mientras que la fuente de tensión se conecta entre la línea averiada y la unión de la resistencia de valor fijo R_2 y la resistencia variable R_3.

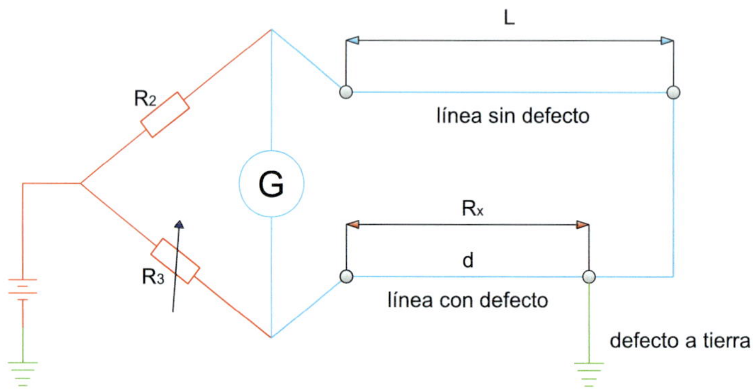

Figura 2.18 Línea con defecto a tierra.

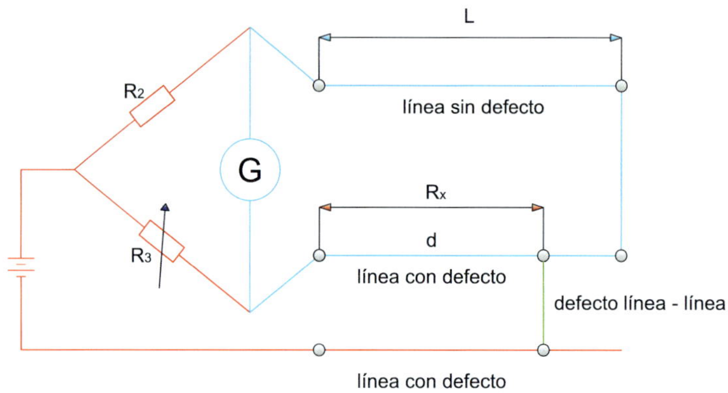

Figura 2.19 Línea con defecto línea-línea.

Analizamos el caso en que los cables son de igual sección y material.

Por tanto se obtiene, cuando el galvanómetro marca cero:

$$\frac{R_2}{R_3} = \frac{R_{lazo} - R_x}{R_x} \rightarrow R_x \cdot \frac{R_2}{R_3} = R_{lazo} - R_x \rightarrow R_x \cdot \left(1 + \frac{R_2}{R_3}\right) = R_{lazo} \rightarrow R_x = \frac{R_{lazo} \cdot R_3}{R_3 + R_2}$$

Si los cables son iguales, tienen la misma sección «S» y la misma resistividad «ρ». Luego tenemos:

$$\frac{\rho \cdot d}{S} = \frac{2 \cdot L}{S} \cdot \frac{R_3}{R_3 + R_2} \rightarrow d = 2 \cdot L \cdot \frac{R_3}{R_3 + R_2}$$

2.1.3 Sintomatología

Cuando se produce un fallo en una línea subterránea de distribución de BT, normalmente actúan las protecciones fundamentalmente contra sobreintensidades (sobrecargas + cortocircuitos) a base de fusibles de tipo NH que figuran en el cuadro modular de BT que se ubica en el CT.

En muchas ocasiones estas protecciones se disparan accidentalmente, por lo que se aconseja comprobar las líneas antes que deducir que las mismas sufren una avería.

Si las protecciones se han activado debido a una avería, será necesario tener en cuenta las causas de la misma (interrupción de la continuidad de la línea o defecto en el aislamiento).

Averiguar los valores de la resistencia de los conductores y de la resistencia del aislamiento ayudaría a conocer las causas.

Una vez que se ubica el lugar aproximado de la avería mediante el método de los puentes (Murray, entre otros), la localización final exacta se puede determinar por los llamados métodos inductivo y acústico.

Recuerda...

- Si al medir el valor de la resistencia del conductor se obtiene un valor elevado, mientras que la resistencia de aislamiento es normal, indica que la avería se debe a la interrupción o rotura de dicho conductor.
- Si el valor de la resistencia de los conductores presenta un valor aceptable, mientras que la resistencia del aislamiento es de un valor muy pequeño, indica que la avería se debe a un deterioro o rotura del aislamiento.

2.1.4 Técnicas empleadas y características fundamentales

Para poder reparar una avería en un cable subterráneo es necesario localizar sobre el terreno y de forma exacta tanto el propio cable como el punto de la avería.

El proceso consta de los siguientes pasos:

- **Prelocalización:** Determinación aproximada de la ubicación de la avería en un tramo de cable que puede tener varios kilómetros.
- **Localización final:** Identificación exacta y precisa del punto de la avería.
- **Identificación de cables:** En la mayoría de los casos, el tendido eléctrico está formado por varios cables agrupados en haces. Tras ubicar la posición exacta del fallo y dejar la línea al descubierto, es preciso identificar de manera fiable el cable defectuoso.

Para analizar una avería se determina el tipo de cable, su longitud y la estructura de la red, y se averigua qué causas más evidentes pueden haber provocado la avería; por ejemplo, la realización de unas obras.

Las primeras mediciones sirven para averiguar las resistencias del aislamiento de todas las fases del cable. A partir de estas mediciones, se define el tipo de avería (de baja o de alta impedancia), se averigua cuál es la fase defectuosa y se establece el método de prelocalización que es preciso aplicar.

En general, para cualquier tipo de cables subterráneo, las técnicas o métodos empleados se muestran en la figura 2.20.

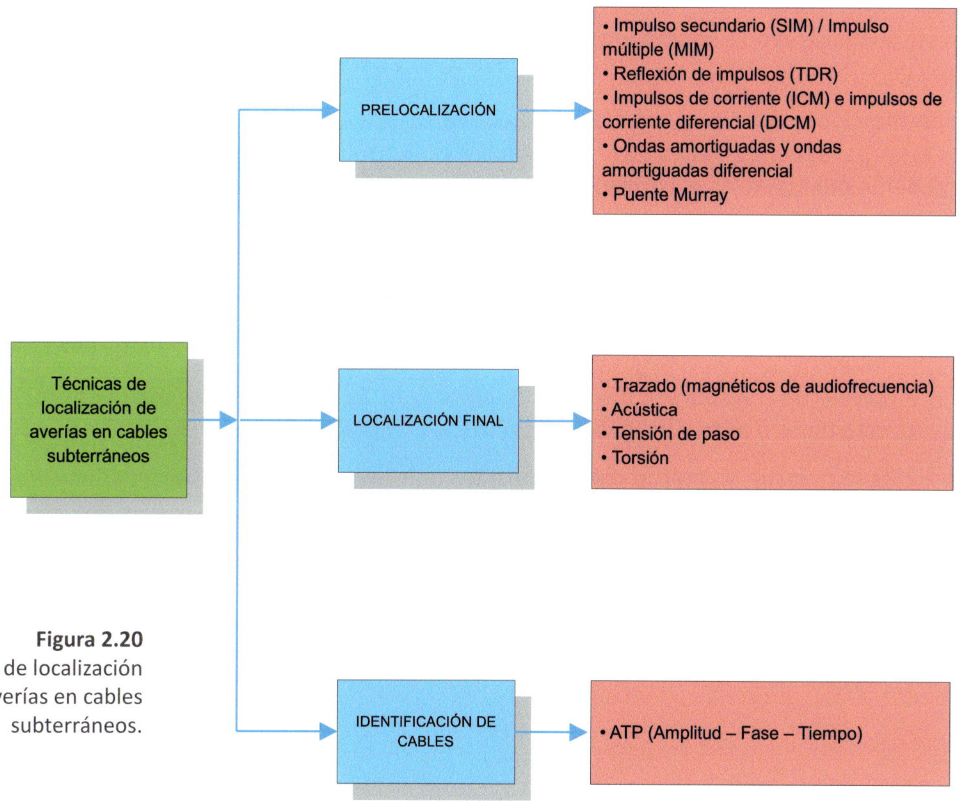

Figura 2.20
Técnicas de localización de averías en cables subterráneos.

- La técnica SIM/MIM es probablemente el método de medición más eficiente a la hora de prelocalizar averías en cables. Con él se puede localizar hasta un 98 % de las averías. Este método aplica la lógica de buscar primero las averías estadísticamente más frecuentes. De ese modo, se minimiza el tiempo de prelocalización. Las ventajas principales de este método de medición son la facilidad de manejo, la universalidad de aplicación y la simplicidad con que permite interpretar los ecogramas.
- El método TDR es uno de los métodos de medición más conocidos y utilizados. Mediante este procedimiento se determina la longitud total del cable, se detectan roturas y cortocircuitos, y se averigua a qué distancia se han producido.
- El método ICM emplea un generador de tensión de choque con el que se origina un impulso de alta tensión que, a su vez, provoca una ruptura dieléctrica en el punto de la avería. El método ICM es más preciso cuanto mayor es la longitud del cable, por lo que no es adecuado para cables cortos.
- El método de ondas amortiguadas utiliza una fuente de alta tensión VLF (muy baja frecuencia) o DC, y se utiliza para cebar una avería de alta impedancia. La onda progresiva generada se graba mediante un ecómetro y de ese modo se averigua a qué distancia está la avería.
- En la localización final acústica de averías, las diferencias de duración entre las señales electromagnéticas y las señales acústicas se aprovechan para localizar fallos de alta impedancia y fallos intermitentes. Este procedimiento utiliza un receptor en el que se encuentran integrados filtros y procedimientos de medición de tiempo que el usuario puede seleccionar libremente. De ese modo, el punto de la avería se puede ubicar con exactitud aunque las características del terreno sean desfavorables.
- Cuando los fallos son de baja impedancia, no es posible aplicar la localización final acústica, ya que estos fallos no generan señales audibles. El método de tensión de paso consiste en generar en la tierra un gradiente de tensión que puede ser captado con piquetas.
- El método de torsión se utiliza en las instalaciones de cables de señal y cables multifase trenzados. La localización por el método de torsión permite ubicar las averías cuando la localización acústica clásica fracasa ante un cortocircuito total o ante la necesidad de encontrar un empalme.

2.2 Normas y procedimientos. Normas particulares de la compañía suministradora

La normativa vigente sobre redes subterráneas de distribución en baja tensión está contemplada en la ITC – BT – 07 del *Reglamento Electrotécnico para Baja Tensión* (REBT).

Las empresas suministradoras podrán proponer especificaciones sobre la construcción y montaje de acometidas, líneas generales de alimentación, instalaciones de contadores y derivaciones individuales.

Dichas especificaciones deberán ajustarse, en cualquier caso, a los preceptos del REBT, y deberán ser aprobadas por los órganos competentes de las Comunidades Autónomas. Estas especificaciones o normas particulares deberán publicarse en el correspondiente *Boletín Oficial*.

Además, las compañías suministradoras disponen de los *Proyectos Tipo* que afectan a distintas instalaciones eléctricas, tanto de alta como de baja tensión.

Los *Proyectos Tipo* son manuales técnicos que establecen y justifican todos los datos técnicos necesarios para el diseño y cálculo de las instalaciones de distribución tanto de alta como de baja tensión.

Cuando las empresas de transporte y distribución dispongan de *Proyectos Tipo* para determinadas instalaciones, el proyecto técnico administrativo de las mismas complementará al *Proyecto Tipo*.

En la figura 2.21 se muestra un gráfico con las distintas normas que aplican las compañías suministradoras:

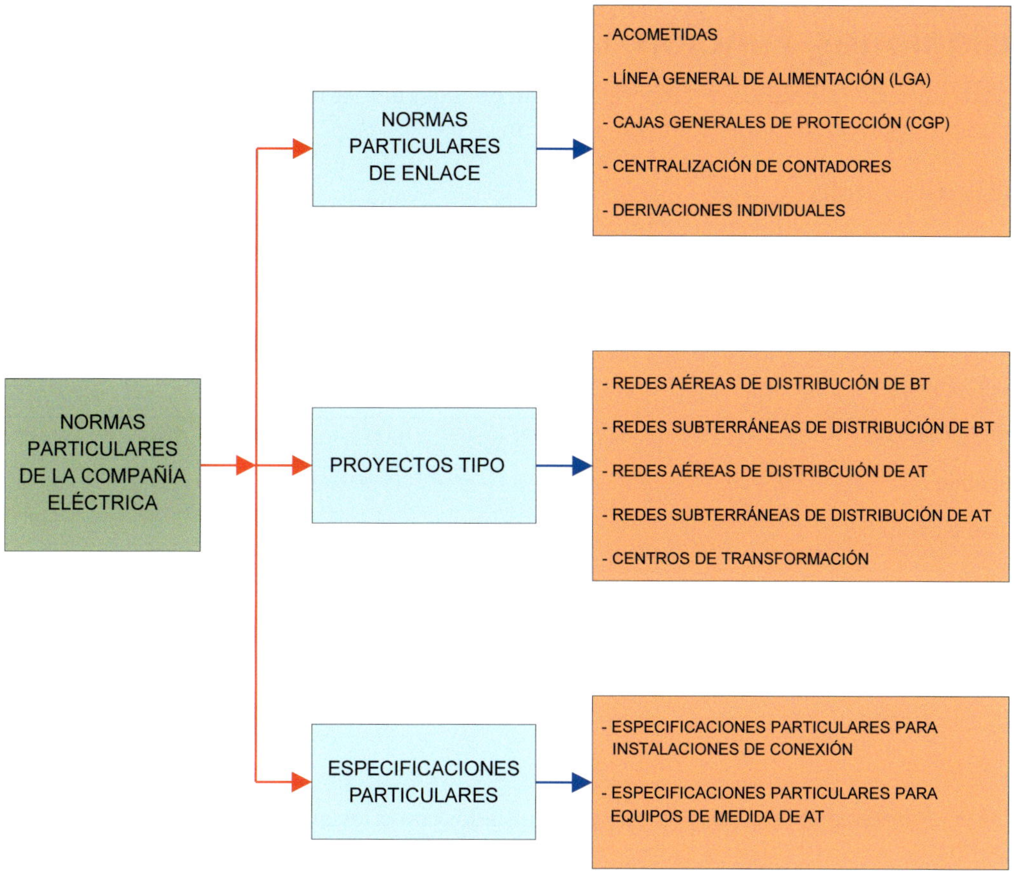

Figura 2.21 Normas particulares de empresas suministradoras de energía eléctrica.

A modo de ejemplo y de forma resumida, se muestra un índice de contenidos de un proyecto tipo de líneas aéreas de distribución de baja tensión.

Ejemplo

Índice:

- Objeto
- Campo de aplicación
- Reglamentación
- Características generales (cables, canalizaciones, distancias de seguridad, protecciones y puesta a tierra)
- Cálculos eléctricos
- Gráficos
- Normativa medioambiental.

Recuerda...

Todas estas normas y proyectos tipo los puedes ver en internet entrando en la Web de cada compañía eléctrica.

2.3 Herramientas empleadas para el mantenimiento de instalaciones. Función, utilización y tipos empleados

Los equipos y herramientas utilizados en el mantenimiento de redes aéreas de BT son muy variados. En este apartado analizamos algunos de forma resumida como son:

Herramientas de trabajo

- Alicates.

  Son herramientas de tipo manual que tienen la función de sujetar, seccionar o doblar.

  Los alicates pueden ser de varios tipos:

  - De boca plana.
  - De boca redonda.
  - Dortacables.
  - De corte diagonal.
  - Pelacables.
  - De punta curva.
  - De punta recta.
  - De seguridad total.
  - Universales.

  Los alicates pelacables se utilizan para cortar cables aislados como los que se instalan en las redes subterráneas de BT.

  Los alicates pelacables de tipo carraca se utilizan en aquellas situaciones en las que el conductor que se quiere cortar tiene un diámetro considerable.

  Estas herramientas tienen un engranaje de cremallera que se estrecha con cada apretón del mango, por lo que el corte se lleva a cabo en varios recorridos.

  Cuando se abre la empuñadura, el apriete no se pierde y cuando el cable es seccionado, la herramienta se abre automáticamente.

  Los alicates universales integran tres herramientas en una sola (punta plana, tenazas y cortaalambres).

  Dispone de una zona que se utiliza para doblar y enderezar hilos, de otra zona que sirve para sujetar piezas y de una última que se usa para cortar hilos y alambres.

(a)

(b)

(c)

Figura 2.22 Alicates pelacables (a). Alicates pelacables de carraca (b). Alicates universales (c).

- Destornilladores.

  Existen de varios tipos como los de punta plana o punta estrella.

- Estuche portaherramientas.
- Equipo de señalización y delimitación del lugar de trabajo.
- Equipo de señalización vial.

- Lona (para herramientas, equipos y materiales).
- Medidor de distancias.
- Pinzas aislantes.
- Pinza voltiamperimétrica.

  Se utiliza en circuitos para medir la intensidad de corriente que circula por un conductor, sin necesidad de interrumpir el circuito.

Figura 2.23
Pinza midiendo intensidad de corriente.

La utilización de la pinza voltiamperimétrica como voltímetro se efectúa conectando a unos bornes de la misma, dos conductores flexibles.

Existen pinzas con posibilidad de realizar medidas de resistencia. Como fuente de tensión se utiliza una pila.

La pinza se utiliza también para:

- Localización de intensidades de defecto a tierra.
- Medida de potencia (medida de potencia activa en circuitos de baja tensión).
- Medida de energía activa, reactiva y aparente.
- Medida del factor de potencia en redas de BT.
- Análisis de armónicos.
- Rotación de fases (RST).
- Detector de tensión.
- Medida de resistencia y continuidad.
- Medida de frecuencia.

- Verificados de ausencia de tensión.

  Se compone de detectores de tensión sonoros y luminosos diseñados y concebidos para la verificación de ausencia de tensión.

Figura 2.24
Equipo de puesta a tierra y en cortocircuito. Fuente: Catu.

- Equipos de puesta a tierra y en cortocircuito.

  Una puesta a tierra y en cortocircuito de la instalación constituye una medida preventiva de gran eficacia para proteger a las personas de la exposición a diferencias de potenciales peligrosas originadas por averías, errores o situaciones que puedan transmitir o inducir tensiones peligrosas.

Equipos de seguridad

Entre los equipos de seguridad personal se indican los siguientes:

- Casco de seguridad con barboquejo.
- Pantalla de protección facial adecuada al arco eléctrico (inactínica).
- Gafas inactínicas (cuando la pantalla no lo sea).
- Guantes de protección contra riesgos mecánicos.
- Ropa de trabajo ignífuga.
- Calzado de trabajo.
- Arnés y cinturón de seguridad.

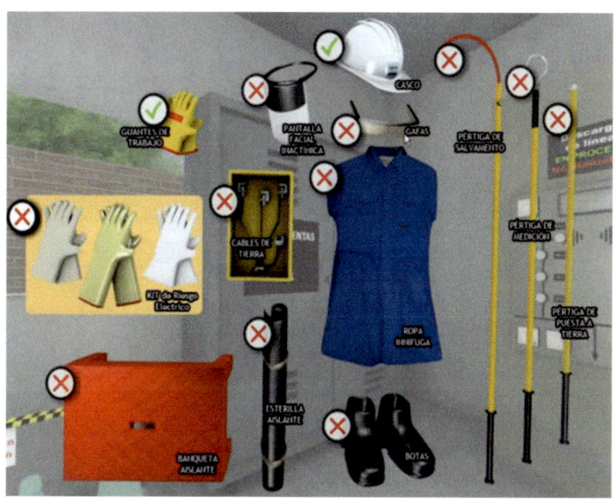

Figura 2.25
Equipo de seguridad personal. Fuente: Isastur.

Equipos de localización de averías

Como instrumentos de detección de averías destacamos:

- Medidor de reflexión de impulsos o ecómetro.

  Es un equipo de medida monofásico pequeño, portátil y fácil de usar, utilizado para la localización de averías en cables y que forma parte de los equipos de localización de averías que utilizan el método de reflexión de impulsos en el dominio del tiempo.

  También puede trabajar en cables en servicio hasta 400 V.

  Dispone de otros métodos de localización de averías (TDR, SIM, MIM, entre otros).

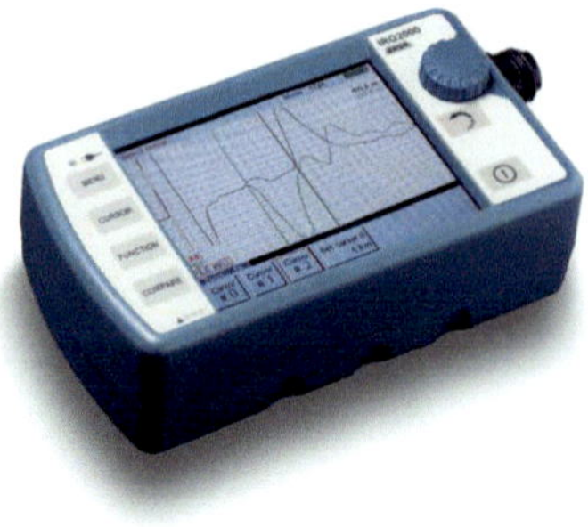

Figura 2.26
Medidor de reflexión de impulsos. Fuente: Baur.

- Generador de tensión de choque.

  Los generadores de tensión de choque se emplean para la prelocalización y la localización final de averías de alta y baja impedancia, así como de fallos intermitentes en cables de energía eléctrica. Para ello, la energía acumulada en un condensador de alta tensión es aplicada bien a intervalos o bien como tensión continua. La señal acústica generada de este modo en el punto de la avería puede ser registrada con un geófono de suelo y un receptor universal.

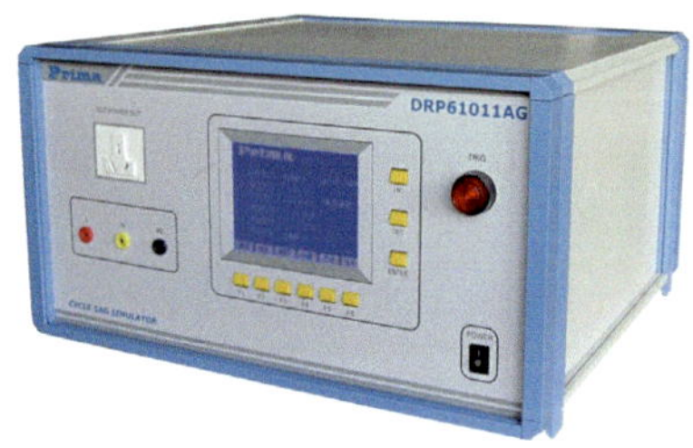

Figura 2.27
Generador de tensiones de choque. Fuente: Prima.

- Geófono.

  Es un receptor de impulsos que nos da la medición del lugar de la avería de aislamiento en la línea.

  Utiliza métodos sonoros y trabaja desde la superficie.

- Trazador de ruta + localizador exacto.

  Se utiliza para la determinación de trazados y profundidad de los cables. Mediante el empleo de accesorios adicionales, es posible la localización exacta de averías con los métodos siguientes: método acústico, método de tensión de paso, método de torsión y método de la medida de la propagación acústica.

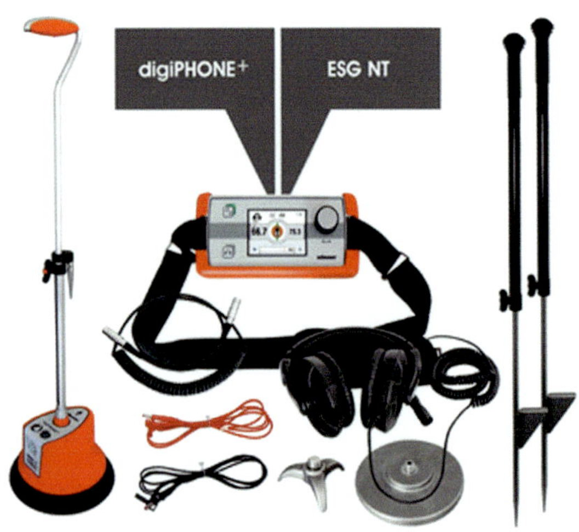

Figura 2.28
Geófono. Fuente: Megger.

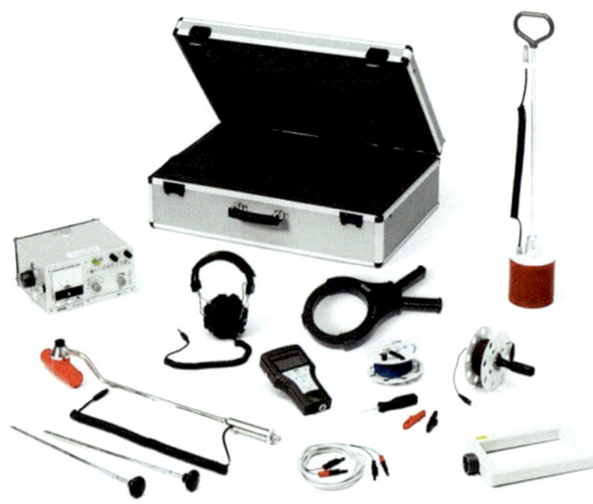

Figura 2.29
Trazador de ruta + localizador exacto. Fuente: Baur.

- Georadar (GPR).

  Se utiliza para la detección y medición de distancias por radio.

  Dispone de diferentes antenas para trabajar en diferentes rangos de profundidad y con una determinada resolución, que permite detectar servicios enterrados como cables eléctricos, entre otros.

- Vehículo laboratorio.

  Estos vehículos disponen de una gran variedad de equipos para realizar medidas, detección, ensayos y pruebas en cables eléctricos subterráneos.

Figura 2.30
Georadar. Fuente: Electricidad Punzano.

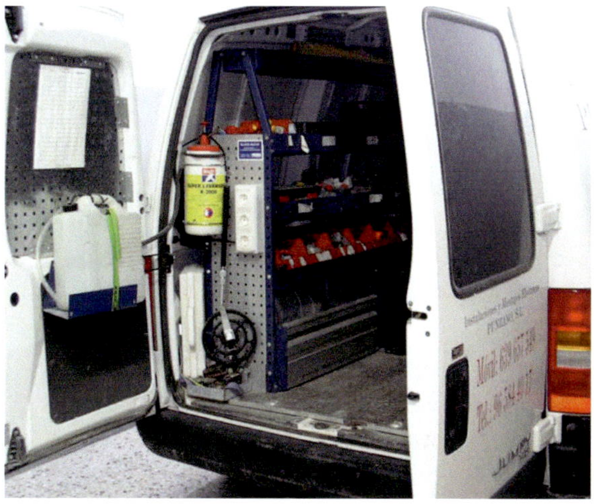

Figura 2.31
Vehículo laboratorio. Fuente: Electricidad Punzano.

2.4 Mantenimiento predictivo. Mantenimiento preventivo. Mantenimiento correctivo. Mantenimiento de una línea subterránea de baja tensión. Medidas y controles

Introducción

El mantenimiento se define como la combinación de todas las acciones técnicas, administrativas y de gestión, durante el ciclo de vida de un elemento, destinadas a conservarlo o devolverlo a un estado en el cual se pueda desarrollar la función requerida y evitar la aparición de alguna falta o perturbación en el sistema que provoque interrupciones en el suministro.

Existe una amplia clasificación de los distintos tipos y filosofías de mantenimiento, como puede ser:

- Mantenimiento por niveles.
- Mantenimiento por el tipo de acción.
- Mantenimiento temporal.
- Mantenimiento reglamentario.
- Mantenimiento proactivo.
- Mantenimiento Productivo Total (TPM).
- Mantenimiento basado en la fiabilidad (RCM).
- Mantenimiento basado en la condición (CBM).
- Mantenimiento basado en el riesgo (RBI).

2.4.1 Mantenimiento predictivo, preventivo y correctivo

En este apartado nos referiremos a los tipos de mantenimiento más utilizados como son el mantenimiento preventivo, predictivo y correctivo.

En la figura 2.32 se muestra, de forma resumida, las principales características de estos tres tipos distintos de mantenimiento:

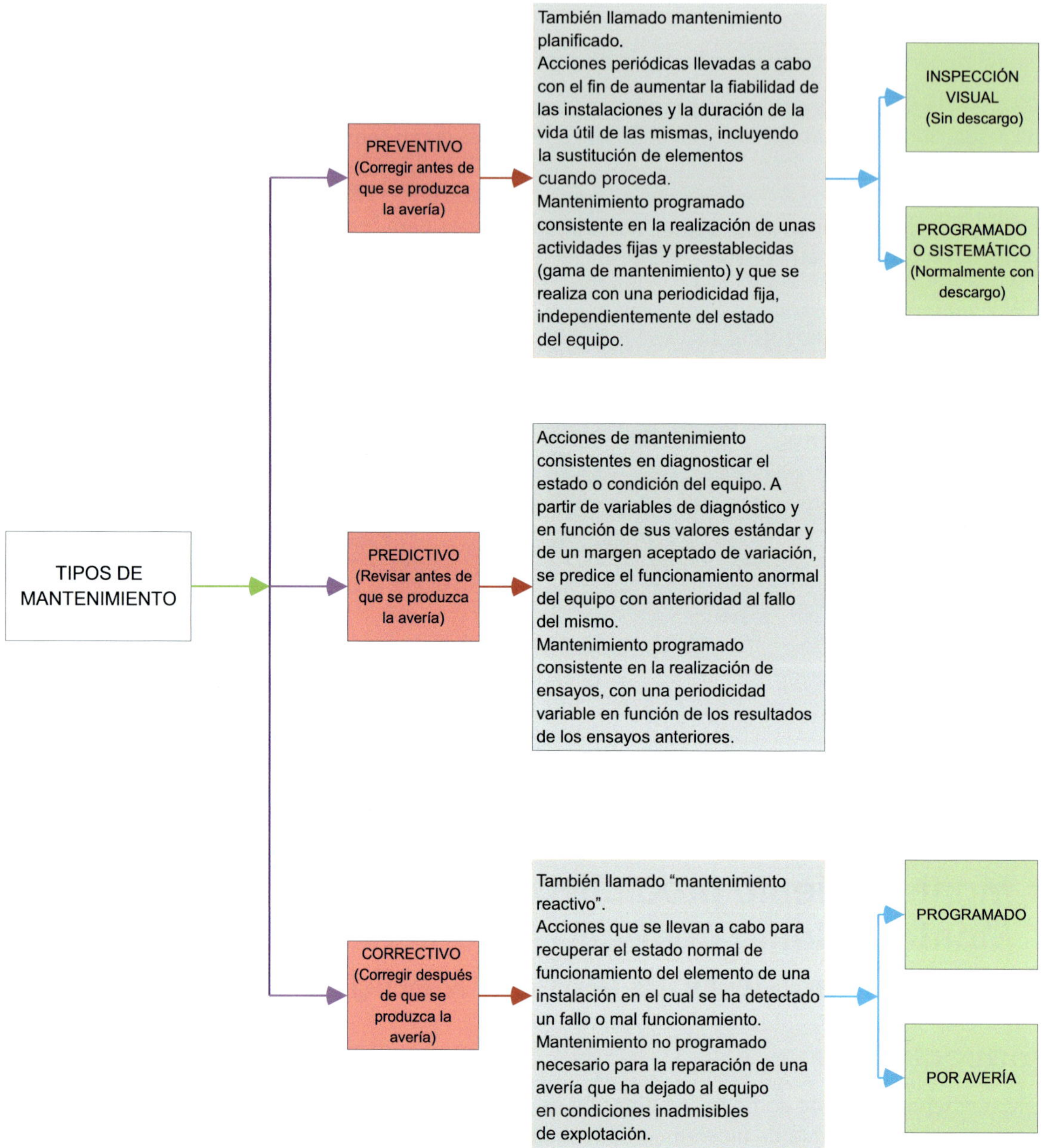

Figura 2.32 Principales tipos de mantenimiento.

2.4.2 Operaciones en el mantenimiento

El plan de operaciones permite desarrollar paso a paso una actividad de forma metódica y sistemática en el lugar, fecha y hora. Además debe ser conocido por todos y haber sido aprobado antes por la directiva.

Algunos puntos básicos que deberían figurar son:

- Determinación del personal que tendrá a su cargo el mantenimiento. Esto incluye, el tipo, espacialidad y número de personas.
- Determinación del tipo de mantenimiento que se va a llevar a cabo.
- Fijar fecha y lugar donde se va a desarrollar el trabajo.
- Fijar el tiempo previsto en que los equipos van a dejar de producir, lo que incluye la hora en que comienzan las acciones de mantenimiento y la hora en que deben de finalizar.
- Selección de los equipos que van a ser sometidos a mantenimiento, lo que implica que debe haber un

sustento previo que determine la importancia y las consideraciones tomadas en cuenta para escoger dichos equipos.

- Señalización de áreas de trabajo y áreas de almacenamiento de partes y equipos.
- Stock de equipos y repuestos con los que cuenta el almacén, y si fuera necesario reemplazar piezas viejas por nuevas.
- Inventario de herramientas y equipos necesarios para realizar el trabajo.
- Planos, diagramas e información técnica de equipos.
- Plan de seguridad frente a imprevistos.

2.4.3 Mantenimiento de una línea subterránea de baja tensión. Medidas y controles

En el momento de realizar el mantenimiento de una red subterránea de BT se debe verificar que:

- Los equipos de inspección, medición y ensayo se encuentran en perfecto estado.
- Las dimensiones de las zanjas se ajustan a las que marca el proyecto o normas.
- El fondo de la zanja se encuentra sin piedras ni aristas vivas antes del tendido de los conductores.
- La capa de arena es la adecuada.
- Existe protección mecánica del cable.
- Existe cinta de señalización.
- Las dimensiones de las arquetas son adecuadas.
- La canalización con tubos se encuentra limpia y en buen estado.
- Existe alambre-guía en la canalización con tubos.
- Estado de reposición de pavimentos.
- El valor de la resistencia de puesta a tierra del conductor neutro es $\leq 20\ \Omega$.
- Antes de la puesta en servicio todos los medios de protección hayan sido retirados.
- Todos los materiales sobrantes y herramientas han sido recogidos.
- En los empalmes y terminales, verificar las dimensiones del pelado de cubierta, el empleo de manguitos o terminales adecuados y su engaste con el utillaje necesario, la limpieza y la reconstrucción del aislamiento.

Figura 2.33
Mantenimiento en red subterránea.
Fuente: Electricidad Punzano.

Figura 2.34
Avería en un una red subterránea de BT.
Fuente: Electricidad Punzano.

Figura 2.35
Reparación en red subterránea de BT.
Fuente: Electricidad Punzano.

2.5 Termografía. Medida de la resistencia de puesta a tierra, entre otras

Las cámaras termográficas se utilizan para inspecciones de componentes y sistemas eléctricos de todos los tamaños y formas y su empleo no se limita únicamente a aplicaciones de alta tensión.

Con ellas se podrá examinar regularmente cuadros eléctricos y centros de control de motores. Si no se hace, el calor podría acumularse hasta el punto de fundir conexiones y provocar averías e incluso incendios.

Además de conexiones sueltas, los sistemas eléctricos sufren desequilibrios de carga, corrosión y aumentos de impedancia de corriente. Las inspecciones térmicas permiten localizar rápidamente puntos calientes, determinar la gravedad del problema y calcular el tiempo en el que se debe reparar el equipo.

Figura 2.36
Cámara termográfica.
Fuente: PCE Instruments.

Algunos fallos en el equipamiento de baja tensión que se pueden detectar con termografía:

- Conexiones de alta resistencia.
- Conexiones corroídas.
- Daños internos en los fusibles.
- Fallos internos en los disyuntores.
- Malas conexiones y daños internos.

Estos y otros problemas se pueden detectar en una fase temprana mediante una cámara termográfica. De este modo, se evitarán costosos daños y situaciones peligrosas.

2.5.1 Medida de la resistencia de puesta a tierra

La conexión a tierra se realiza para:

- Diagnosticar fallos eléctricos intermitentes.
- Evitar paradas innecesarias.
- Proteger a personas y equipos.

El aparato para la medida de la resistencia de puesta a tierra se llama telurómetro.

Mediante la medida de la resistencia de una puesta a tierra se trata de averiguar, principalmente, el valor de la resistencia que presenta el electrodo/s en la zona de contacto del mismo con la tierra.

Existen básicamente dos sistemas de medida: el método de la caída de potencial y el método de la pendiente.

En este apartado se analiza el llamado «método de la caída de potencial», conocido también como el «método de las dos picas» o el «método de los tres puntos».

Este método es el utilizado para la mayoría de los electrodos de tierra, y no se debe usar cuando los electrodos de prueba (auxiliares) cubran una gran aérea.

El procedimiento de medida es el siguiente:

1. Conectar el electrodo bajo prueba a los terminales C1 y P1.
2. Llevar la pica de corriente C tan lejos como sea posible del electrodo bajo prueba E. Conectar esta pica con el terminal C2 del telurómetro.
3. Llevar la pica de tensión (P) a mitad de camino entre E y C, sobre la recta que les une. Conectar el cable de esta pica al terminal P2 del telumómetro.
4. Realizar la medida, siendo ésta la medida R1.

5. Colocar la pica (P) a una distancia igual al 40 % de EC desde E y tomar una segunda lectura, (R2).
6. Situar la pica (P) a una distancia igual al 60 % de EC desde E, y tomar una tercera medida (R3).
7. Calcular el valor medio (R media) de R1, R2 y R3.
8. Restar a R3 el valor medio y expresarlo como un porcentaje de la R media.
9. Si el porcentaje es 1,2 veces más pequeño que la precisión requerida del resultado, entonces la R media puede ser tomada como la resistencia de tierra, con esta precisión.
10. Si esto no es así, entonces se debe poner C más lejos de E, o usar el método de la pendiente.

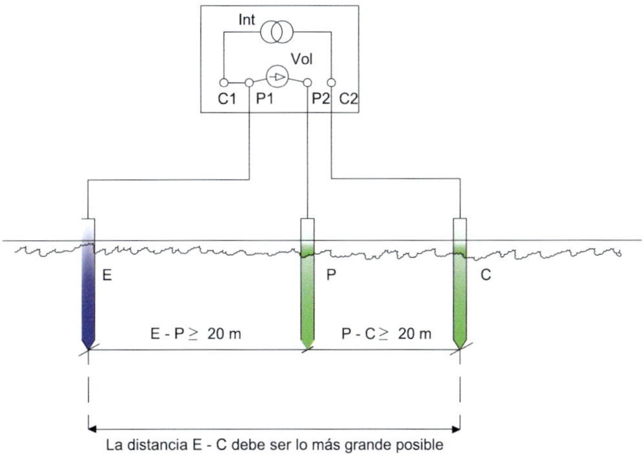

Figura 2.37
Medida en línea de la resistencia.
Método de la caída de potencial.

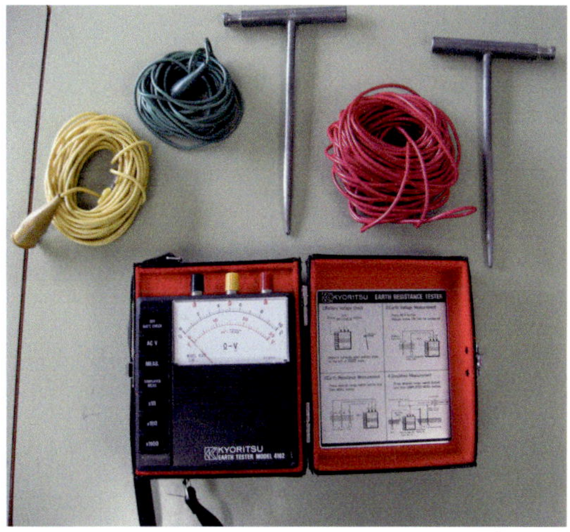

Figura 2.38
Telurómetro con tres bornas
de conexión de tierra.

2.5.2 Medida de la resistividad del terreno

Para realizar la medida de la resistividad de un terreno se emplea en la mayoría de los casos el método llamado de Wenner.

El método establece el paso de corriente entre dos electrodos alineados en el suelo, y mide la tensión presente, debida a esta corriente en otros electrodos. Los cuatro electrodos que utiliza son equidistantes con separación «A» y en línea recta.

La disposición habitual es con los dos electrodos de corriente en los extremos.

El valor de la resistividad viene dado por la siguiente fórmula: $\rho = 2 \cdot \pi \cdot A \cdot r$

Siendo «r» el valor que resulta de dividir la tensión que indica el voltímetro entre la intensidad que marca el amperímetro.

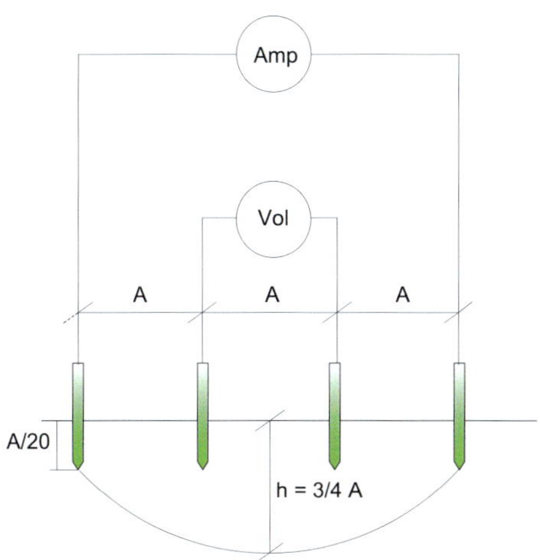

Figura 2.39
Medida en línea de la resistencia.

Sabias que:

Una vez que se conoce el valor de la resistividad del terreno se puede deducir, aplicando una determinada fórmula, el valor de la resistencia del electrodo de tierra. Por ejemplo, para un electrodo de tipa pica vertical la fórmula que se aplica es:

$$R = K\frac{\rho}{n\,L}$$

R = Resistencia de la toma de tierra (Ω)

ρ = Resistividad del terreno (Ω · m)

n = Número de picas utilizadas

L = Longitud de la pica (m)

El valor así obtenido es la resistividad media del terreno en la franja comprendida entra la superficie y la profundidad «h».

Los modernos telurómetros realizan las siguientes medidas:

- Resistencia de conexiones a tierra empleando electrodos auxiliares.
- Resistencia de conexiones a tierra usando electrodos auxiliares y pinzas (para la medición de conexiones a tierra múltiples).
- Resistencia de conexiones a tierra empleando pinzas dobles (para la medición de conexiones a tierra cuando no se pueden utilizar electrodos auxiliares).
- Resistividad de suelos (mediante el método Wenner).
- Corriente empleando pinzas (por ejemplo corriente de fuga).
- Medición de la continuidad de conexiones.

En la figura 2.40 se muestra las tierras de neutro y herrajes de un CT.

Figura 2.40
Cajas de seccionamiento de las tierras de neutro y de herrajes de un CT.
Fuente: I.E.Cabo Peñas

Recuerda...

La puesta a tierra en las líneas subterráneas de BT se realizará a través del conductor neutro. En el caso de CT con tierras únicas, o sea cuando la resistencia de la toma de tierra única, Rt, multiplicada por la corriente de defecto a tierra, Id, que pueda presentarse en caso de defecto de la instalación, no sea superior a 1.000 V (Rt · Id ≤ 1000 V), el conductor neutro de la red de BT se podrá conectar a tierra en el propio electrodo de puesta a tierra del CT. Si el CT tiene tierras separadas, la tierra del neutro de la red debe ser independiente y se situará el electrodo a la distancia resultante del cálculo específico. Se empleará cable aislado (RV-0,6/1 kV), entubado e independiente de la red, con secciones mínimas de cobre de 50 mm^2, unido a la pletina del neutro del cuadro de baja tensión. Este conductor de neutro a tierra, se instalará a una profundidad mínima de 60 cm, y se podrá instalar en una de las zanjas de cualquiera de las líneas de BT.

2.6 Revisiones de mantenimiento. Reconocimiento reglamentario

La legislación determina que las instalaciones de baja tensión, previamente a su puesta en servicio y después de esta, periódicamente han de someterse a una inspección por un Organismo de Control Autorizado (OCA), con objeto de comprobar que estas cumplen con las prescripciones de seguridad marcadas por el REBT con las que fueron autorizadas y se mantienen en buen estado a lo largo de su vida útil, así como sus modificaciones y/o ampliaciones. Las inspecciones serán realizadas por técnicos debidamente cualificados y acreditados en este campo de actuación, en compañía de personal conocedor de la instalación. En la inspección se realiza la verificación, entre otros, de los siguientes puntos de la instalación:

- Acometidas y cuadro de contadores.
- Suministros de emergencia.
- Cuadros eléctricos: general y secundarios.
- Canalizaciones y cableados.
- Alumbrados: normal y de emergencia.
- Puesta a tierra de la instalación.
- Protección contra contactos directos e indirectos.
- Protección de circuitos.
- Elementos generales de la instalación.

2.6.1 Instalaciones que están obligadas a realizar inspecciones iniciales por OCA

- Instalaciones Industriales con potencia instalada > 100 kW.
- Locales de pública concurrencia.
- Local con riesgo de incendio o explosión clase I, excepto garajes < 25 plazas.
- Locales mojados con potencia instalada > 25 kW.
- Piscinas con potencia instalada > 10 kW.
- Quirófanos y salas de intervención.
- Instalaciones con alumbrado exterior con potencia instalada > 5 kW.

Nota: Consideramos que una instalación de alumbrado exterior puede estar formada por una red subterránea de BT.

2.6.2 Plazos reglamentarios para las sucesivas inspecciones periódicas por OCA

El plazo será cada 5 años para aquellas instalaciones que necesitan inspección inicial.

2.6.3 Procedimiento

Como resultado de la inspección, el OCA emitirá un certificado de inspección, en el cual figurarán los datos de identificación de la instalación y la posible relación de defectos, con su clasificación, y la clasificación de la instalación.

Los defectos en las instalaciones pueden ser:

- **Muy grave**: Aquel defecto que la razón o la experiencia determina que constituye un peligro inmediato para la seguridad de las personas o los bienes.
- **Grave:** Es el defecto que no supone un peligro inmediato para la seguridad de las personas o de los bienes, pero pudiera serlo si se originara un fallo en la instalación.

Se consideran como graves los siguientes defectos:

- Falta de conexiones equipotenciales.
- Inexistencia de medidas adecuadas contra contactos indirectos.
- Falta de aislamiento.
- Falta de protección adecuada contra cortocircuitos y sobrecargas en los conductores.
- Falta de continuidad de los conductores de protección.
- Valores inadecuados de la resistencia de tierra.
- Defectos de conexión de los conductores de protección a las masas.
- Sección insuficiente de los conductores de protección.
- Conductores utilizados inadecuados.
- Falta de sección de los conductores respecto a la caída de tensión.
- Falta de identificación de los conductores de neutro y de protección.
- Empleo de materiales o equipos que no se ajustan a la normativa vigente.
- Ampliaciones o modificaciones de una instalación que no se hubieran tramitado según la norma vigente.
- Carencia de número de circuitos mínimos.
- La sucesiva reiteración o acumulación de defectos leves.

• **Leves:** Aquel defecto que no supone peligro para las personas o los bienes, no perturba el funcionamiento de la instalación y en el que una desviación respecto de lo reglamentado no es significativo para el uso efectivo o el funcionamiento de la instalación.

2.7 Conexión/desconexión de redes subterráneas de baja tensión. Permisos. Comprobaciones y actuaciones previas

En este apartado se analizan las distintas condiciones que se deben tener en cuenta en el momento de realizar las operaciones de mantenimiento en redes subterráneas de BT.

2.7.1 Conexión/desconexión de redes subterráneas de baja tensión

Como hemos visto en apartados anteriores la mayoría de las líneas eléctricas subterráneas de distribución en BT parten del cuadro modular de un centro de transformación de distribución pública. Por tanto, la conexión o desconexión de estas redes se realizará, en general, en los centros de transformación.

Las operaciones de conectar o desconectar se efectúan o bien en los fusibles del cuadro modular de baja tensión (cortacircuitos fusibles de apertura en carga por extinción de arco), o bien en el interruptor general del CT. Lógicamente esta última opción implica dejar sin tensión todas las líneas que salen del CT.

La operación de desconexión en las bases portafusibles (cuadro modular de baja tensión) es sencilla, requiriéndose para su apertura una pequeña fuerza hacia fuera, que sumada a la mayor velocidad que proporciona el dispositivo de corte (dispuesto en la tapa del portafusible), permite que la operación sea rápida y segura, invirtiéndose el movimiento en la maniobra de cierre.

El cambio del cartucho fusible se realiza sobre la tapa portafusibles en posición abierta o bien extrayéndola, tirando de la tapa hacia fuera. La retirada del cartucho fusible de la tapa se lleva a cabo desengatillando el bloqueo mecánico que lo fija a la misma.

La operación de desconexión del interruptor general del CT se realiza fácilmente desde su correspondiente celda de maniobra.

Figura 2.41 Cuadro modular de baja tensión. Fuente: Inelgir.

2.7.2 Permisos

Antes de comenzar las operaciones de mantenimiento por parte de una empresa instaladora se comprobará que se dispone de todos los permisos, tanto oficiales como particulares, como pueden ser:

- Licencia municipal de apertura y cierre de zanjas.
- Permiso de la compañía eléctrica para la cesión del tramo de línea que se desea mantener. La propia compañía se encarga de solicitar el trámite ante la Administración de Industria.

Es posible que la compañía eléctrica exija algún tipo de prueba o ensayo; por ejemplo, del aislamiento que se debe realizar a la instalación.

- Permiso de otras compañías afectadas, como las de agua, gas, entre otras.

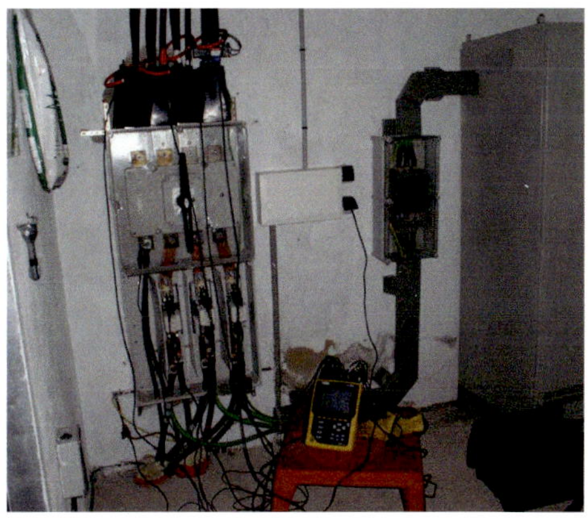

Figura 2.42
Pruebas en red de BT.
Fuente: Electricidad Punzano.

2.7.3 Comprobaciones y actuaciones previas

En el momento de realizar los trabajos de mantenimiento se tendrán en cuenta las siguientes condiciones:

- La parte donde se vaya a trabajar en la que existiera una posible alimentación, se aislará mediante la apertura de los aparatos de seccionamiento más próximos a la zona de trabajo.
- Se bloquearán en posición de apertura, si es posible, cada uno de los aparatos de seccionamiento, y se colocará en su mando un letrero con la prohibición de maniobrarlo.
- Se comprobará mediante un verificador la ausencia de tensión en cada una de las partes eléctricamente separadas de la instalación (fases, ambos extremos de los fusibles, etc.).
- No se restablecerá el servicio al finalizar los trabajos, sin comprobar que no existe peligro alguno.
- Es recomendable que los aparatos de seccionamiento sean de corte visible, con objeto de que se pueda apreciar que se han abierto todos los contactos.

- El letrero o señalización a colocar ha de ser de material aislante, con una zona donde pueda figurar el nombre de la persona que realiza los trabajos.
- Los comprobadores de tensión estarán protegidos y dotados de puntos de pruebas aislados, menos en sus extremos en una longitud lo más pequeña posible para evitar cortocircuitos en las mediciones.
- La señalización solo será retirada por la persona que la colocó y cuyo nombre figura en esta.

Si el trabajo se realiza en tensión, además del equipo de protección personal (casco, gafas inactínicas, calzado aislante, ropa ignífuga, entre otros.), se empleará en cada caso el material de seguridad más adecuado entre los siguientes:

Figura 2.43
Red subterránea de BT.
Fuente: Electricidad Punzano.

- Guantes aislantes homologados.
- Alfombras o banquetas aislantes.
- Vainas o caperuzas aislantes.
- Comprobadores de tensión.
- Herramientas aislantes homologadas.
- Material de señalización (discos, barreras, etc.).

Al realizar trabajos en tensión habrá que considerar no solo el riesgo de contacto eléctrico con partes activas, sino también la posible formación de arcos eléctricos de cortocircuito.

La ropa de trabajo será resistente al calor, de tal manera que en caso de producirse un arco no la inflame, aumentando las lesiones, desaconsejándose la ropa acrílica y utilizando ropa de algodón o de tipo ignífugo.

Las comprobaciones de tensión para averías, reparaciones, entre otros, serán consideradas como un trabajo con tensión, por lo que se usarán los elementos de protección citados anteriormente.

2.8 Relación con la compañía suministradora. El despacho del control eléctrico

Hoy en día, la red eléctrica se caracteriza por ser una red de generación centralizada (grandes plantas de generación, normalmente alejadas de los centros de consumo). Comienza a desarrollarse actualmente el concepto de generación distribuida (generar la electricidad cerca o en el mismo punto de consumo).

Por otra parte, la red actual está muy supervisada y automatizada en alta tensión y con niveles bajos en media y baja tensión.

Figura 2.44 Generación distribuida. Fuente: EON.

2.8.1 Regulación de carga en baja tensión

La variación de las cargas en baja tensión hace que la tensión tenga que ser regulada. La misma se realiza en los centros de transformación, típicamente en la salida de baja tensión (400 V), a través de distintas tomas en el regulador del transformador.

2.8.2 Despacho del control eléctrico

Las empresas eléctricas disponen de centros de control eléctrico que, en cuanto se detecta una avería y en coordinación con las brigadas de mantenimiento, maniobran la red y, si es preciso, acudirán al lugar de la avería para restablecer el servicio en el menor tiempo posible.

Si la avería afecta a una cantidad importante de clientes, se intentará dar servicio al mayor número de clientes en el menor tiempo posible; primero restableciendo el servicio en zonas con más población y a clientes que por su actividad sean más sensibles (hospitales, policía, empresas suministradoras de agua, entre otros), para luego restablecer zonas más pequeñas y clientes individuales.

Una vez que la brigada de mantenimiento llega al lugar de la avería, puede evaluar mejor el problema y estimar el tiempo que tardará en resolverla. Si la configuración de la red lo permite, se restablece el servicio a través de otras subestaciones, líneas o centros de transformación que no están afectados por la avería y luego se repara la avería.

Ante la situación de emergencia (fuertes vientos, inundaciones, nevadas o incendios), la empresa eléctrica, en coordinación con otros servicios de emergencia, establece una organización de emergencia y refuerza las brigadas de mantenimiento con retenes.

Figura 2.45 Despacho del control eléctrico de compañía eléctrica.
Fuente: Unión Fenosa.

2.9 Elaboración de informes de actividad y resultados

A la hora de realizar las operaciones de mantenimiento se deben elaborar una serie de documentos e informes de las mismas.

En función del tipo de actividad, las empresas eléctricas disponen de modelos de informes para las distintas actividades de mantenimiento.

A continuación se muestra una serie de informes de pruebas y comprobaciones realizadas en el mantenimiento de redes subterráneas de baja tensión:

Comprobación de cables subterráneos. Centro de transformación

RED SUBTERRÁNEA DE BT **COMPROBACIÓN DE CABLES SUBTERRÁNEOS**					
EMPRESA DIAGNÓSTICO	PROYECTO			Municipio	
	FECHA ENSAYO			Gestor Cía Eléctrica	
	FECHA AVISO CÍA ELÉCTRICA				
SITUACIÓN	Nombre y clave del CT			**Trafo:**	
IDENTIFICACIÓN	Nombre de la promoción:				
Tipo de conductor de fases		SECCIÓN:	FECHA DE TENDIDO:		
Tipo de conductor del neutro		SECCIÓN:			

PLANO DE COTAS ENTREGADO:	SI	NO	(tachar lo que no proceda)
Criterio de rechazo: **NO entrega el plano de cotas**			
OBSERVACIONES:			

Responsable de la empresa que realiza las pruebas		**Responsable de la Cía Eléctrica**
Sr.. **Fdo:**		**Sr** .... **Fdo:**
Sello de la empresa	**Fecha: .../.../...**	**Fecha**: .../.../...

Comprobación de cables subterráneos. Comprobación de continuidad

RED SUBTERRÁNEA DE BT COMPROBACIÓN DE CABLES SUBTERRÁNEOS			
COMPROBACIÓN DE CONTINUIDAD			
CIRCUITO 1	**FASE 1 - 2**	**FASE 2 - 3**	**FASE 1 – 3**
	Correcto / Incorrecto	Correcto / Incorrecto	Correcto / Incorrecto
	Tachar el que no proceda		
CIRCUITO 2	**FASE 1 - 2**	**FASE 2 - 3**	**FASE 1 – 3**
	Correcto / Incorrecto	Correcto / Incorrecto	Correcto / Incorrecto
	Tachar el que no proceda		
CIRCUITO 3	**FASE 1 - 2**	**FASE 2 - 3**	**FASE 1 – 3**
	Correcto / Incorrecto	Correcto / Incorrecto	Correcto / Incorrecto
	Tachar el que no proceda		
CIRCUITO 4	**FASE 1 - 2**	**FASE 2 - 3**	**FASE 1 – 3**
	Correcto / Incorrecto	Correcto / Incorrecto	Correcto / Incorrecto
	Tachar el que no proceda		
CIRCUITO 5	**FASE 1 - 2**	**FASE 2 - 3**	**FASE 1 – 3**
	Correcto / Incorrecto	Correcto / Incorrecto	Correcto / Incorrecto
	Tachar el que no proceda		
CIRCUITO 6	**FASE 1 - 2**	**FASE 2 - 3**	**FASE 1 – 3**
	Correcto / Incorrecto	Correcto / Incorrecto	Correcto / Incorrecto
	Tachar el que no proceda		
CIRCUITO 7	**FASE 1 - 2**	**FASE 2 - 3**	**FASE 1 – 3**
	Correcto / Incorrecto	Correcto / Incorrecto	Correcto / Incorrecto
	Tachar el que no proceda		
CIRCUITO 8	**FASE 1 - 2**	**FASE 2 - 3**	**FASE 1 – 3**
	Correcto / Incorrecto	Correcto / Incorrecto	Correcto / Incorrecto
	Tachar el que no proceda		
CIRCUITO 9	**FASE 1 - 2**	**FASE 2 - 3**	**FASE 1 – 3**
	Correcto / Incorrecto	Correcto / Incorrecto	Correcto / Incorrecto
	Tachar el que no proceda		
CIRCUITO 10	**FASE 1 - 2**	**FASE 2 - 3**	**FASE 1 – 3**
	Correcto / Incorrecto	Correcto / Incorrecto	Correcto / Incorrecto
	Tachar el que no proceda		

Comprobación de cables subterráneos. Orden de fases. Verificación de identificación de fases (por colores)

RED SUBTERRÁNEA DE BT COMPROBACIÓN DE CABLES SUBTERRÁNEOS						
ORDEN DE FASES. VERIFICACIÓN DE IDENTIFICACIÓN DE FASES (POR COLORES)						
CIRCUITO 1	**FASE 1**		**FASE 2**		**FASE 3**	
	Salida	Llegada	Salida	Llegada	Salida	Llegada
CIRCUITO 2	**FASE 1**		**FASE 2**		**FASE 3**	
	Salida	Llegada	Salida	Llegada	Salida	Llegada
CIRCUITO 3	**FASE 1**		**FASE 2**		**FASE 3**	
	Salida	Llegada	Salida	Llegada	Salida	Llegada
CIRCUITO 4	**FASE 1**		**FASE 2**		**FASE 3**	
	Salida	Llegada	Salida	Llegada	Salida	Llegada
CIRCUITO 5	**FASE 1**		**FASE 2**		**FASE 3**	
	Salida	Llegada	Salida	Llegada	Salida	Llegada
CIRCUITO 6	**FASE 1**		**FASE 2**		**FASE 3**	
	Salida	Llegada	Salida	Llegada	Salida	Llegada
CIRCUITO 7	**FASE 1**		**FASE 2**		**FASE 3**	
	Salida	Llegada	Salida	Llegada	Salida	Llegada
CIRCUITO 8	**FASE 1**		**FASE 2**		**FASE 3**	
	Salida	Llegada	Salida	Llegada	Salida	Llegada
CIRCUITO 9	**FASE 1**		**FASE 2**		**FASE 3**	
	Salida	Llegada	Salida	Llegada	Salida	Llegada
CIRCUITO 9	**FASE 1**		**FASE 2**		**FASE 3**	
	Salida	Llegada	Salida	Llegada	Salida	Llegada
OBSERVACIONES:						

Comprobación de cables subterráneos. Medida de la resistencia de aislamiento

RED SUBTERRÁNEA DE BT
COMPROBACIÓN DE CABLES SUBTERRÁNEOS

MEDIDA DE LA RESISTENCIA DE AISLAMIENTO

Cálculos:

$$R_a = \frac{R_m \cdot L}{1.000}$$

R_a = resistencia de aislamiento, en MΩ/kM
R_m = resistencia medida en el ensayo, en MΩ
L = longitud del cable, en metros

RESULTADOS DE LAS MEDICIONES

Nº de línea	Fase / neutro (ver nota)	Longitud (m)	Valor medido en el campo (MΩ), con el megóhmetro de 500 V	Criterio de aceptación	
				Sección del conducto (mm²)	**Resistencia de aislamiento (MΩ/kM)**
				≤ 25	30
				> 25 y ≤ 95	20
				> 95	15
CIRCUITO 1	Verde				
	Amarillo				
	Marrón				
	Gris				
CIRCUITO 2	Verde				
	Amarillo				
	Marrón				
	Gris				
CIRCUITO 3	Verde				
	Amarillo				
	Marrón				
	Gris				
CIRCUITO 4	Verde				
	Amarillo				
	Marrón				
	Gris				
CIRCUITO 5	Verde				
	Amarillo				
	Marrón				
	Gris				

OBSERVACIONES: Se debería realizar este ensayo tras realizar el ensayo de rigidez dieléctrica y verificar que los resultados obtenidos son semejantes a los obtenidos en la primera vez.

Nota:

Los cables de la red subterránea de distribución se suelen identificar con los siguientes colores:

- Fases: verde, amarillo y marrón.
- Neutro: gris.

Los cables de las instalaciones de enlace e interior se suelen identificar con los siguientes colores:

- Fases: marrón, gris y negro.
- Neutro: azul.

En la figura 2.46 se muestra una caja de protección con la designación de colores anteriormente indicados.

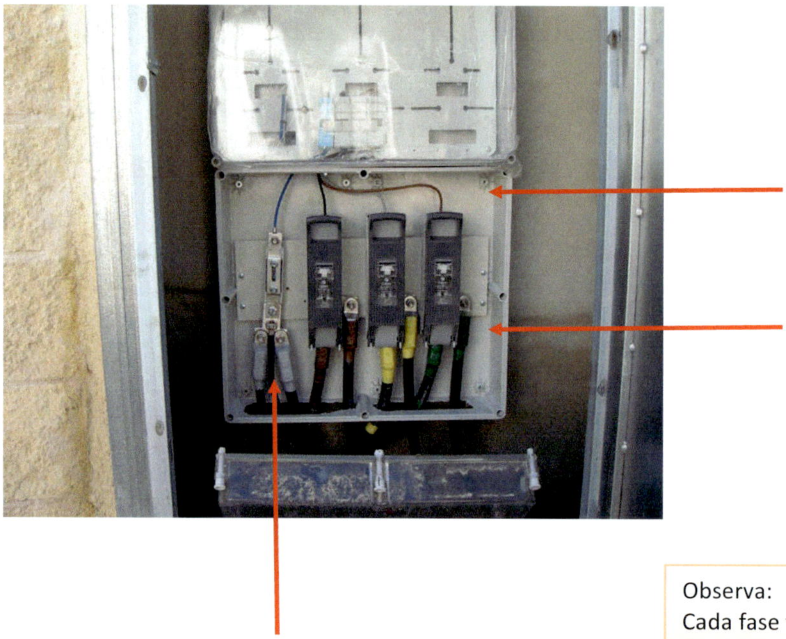

Observa:
Cada fase y neutro de la red de distribución lleva dos cables.
Las fases van protegidas por fusibles y el neutro únicamente lleva un puente.

Figura 2.46 Colores de los cables de las fases y del neutro en la red subterránea de BT.

Comprobación de cables subterráneos.
Ensayo de rigidez dieléctrica del aislamiento de los cables de baja tensión

RED SUBTERRÁNEA DE BT
COMPROBACIÓN DE CABLES SUBTERRÁNEOS

ENSAYO DE RIGIDEZ DIELÉCTRICA DEL AISLAMIENTO DE LOS CABLES DE BAJA TENSIÓN. Se aplicará una tensión continúa de 2,5 kV, según normativa.

Núm.	Fase 1	Fase 2	Fase 3	Neutro
CIRCUITO 1				
CIRCUITO 2				
CIRCUITO 3				
CIRCUITO 4				
CIRCUITO 5				
CIRCUITO 6				
CIRCUITO 7				
CIRCUITO 8				
CIRCUITO 9				
CIRCUITO 10				

Criterio de aceptación: Se considera el ensayo superado si no se produce ninguna perforación y en una línea nueva o reparación de una línea existente, el número de reparaciones efectuadas por fallo en la cubierta, fuera superior a dos por fase y/o supere el número de seis por línea se deberá rechazar la línea completa.

OBSERVACIONES:

Test de evaluación

1. Los cables de las redes subterráneas de distribución en BT deben ser como mínimo de una tensión asignada de:

a) 300/500 V

b) 450/750 V

c) 0,6/1 kV

2. La sección mínima de los cables para conductores de cobre no será inferior a:

a) 6 mm^2

b) 10 mm^2

c) 16 mm^2

3. Un aislante de tipo XLPE se puede designar por:

a) V

b) R

c) D

4. ¿Qué significa la siguiente designación en un cable RV 0,6/1 kV 3 × 50 + 25 Al?

5. Indica cuál es el orden de realización de un empalme de un cable de red subterránea de BT de las tareas indicadas en la siguiente tabla:

Orden	Relación	Tarea
1º		Limpiar cables en la zona de trabajo y serrar (1).
2º		Cruzar suficientemente los cables para que las puntas queden sin los posibles desperfectos del tendido o cortado (2).
3º		Contraer el manguito termorretráctil bien centrado. La contracción se comenzará por el centro del manguito, cerrando hacia los extremos (3).
4º		Preparar las puntas (4).
5º		Introducir manguito termorretráctil en el cable, colocar el manguito empalme y punzonar (5).

6. Para realizar un terminal se debe retirar la cubierta del cable en una longitud de:

a) 30 mm

b) 40 mm

c) 50 mm

7. En la siguiente figura indica las cotas que faltan. Se trata de una canalización con cruzamiento de línea subterránea con calzada.

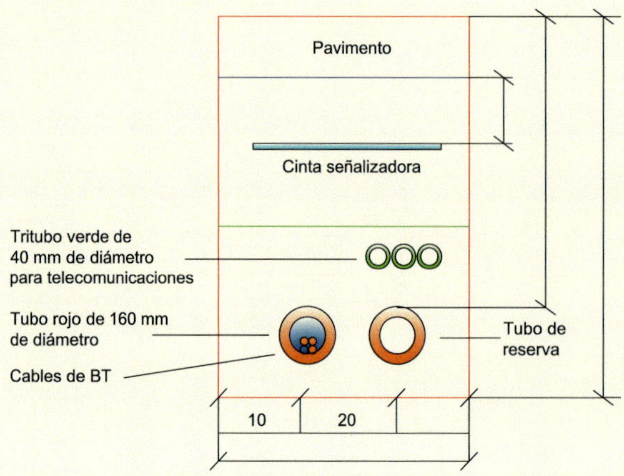

8. Galerías visitables: este tipo de canalización se evitará en lo posible, utilizándose únicamente en el caso en que el número de conducciones sea tal que justifique la realización de este tipo de galerías.

a) Verdadero

b) Falso

9. El calibre de los fusibles de protección para una línea subterránea de distribución de BT, de 150 mm^2, es de:

a) 160 A

b) 200 A

c) 315 A

10. La avería de un cable subterráneo de BT por contacto a tierra en dos fases consiste en dos contactos a tierra en conductores distintos en puntos separados.

a) Verdadero

b) Falso

11. Indica las cinco causas más frecuentes de las averías en cables subterráneos.

12. Una de las pruebas típicas a las que se somete un cable subterráneo de BT es:

a) Medida de la resistencia óhmica de la pantalla

b) Ensayo de tensión

c) Medida de la resistencia de aislamiento

13. La resistencia de aislamiento de un cable depende de:

a) La tensión

b) La humedad del aislamiento

c) Del tipo de material del conductor

14. En la medida de la resistencia de aislamiento de un cable de sección 16 mm^2, el valor obtenido no debe ser inferior a:

a) 30 ($M\Omega \cdot km$)

b) 20 ($M\Omega \cdot km$)

c) 15 ($M\Omega \cdot km$)

15. Si al medir el valor de la resistencia del conductor da un valor elevado, mientras que la resistencia de aislamiento es normal, indica que la avería se debe a la interrupción o rotura de dicho conductor.

a) Verdadero

b) Falso

16. Con la tenaza o pinza se puede medir la frecuencia.

a) Verdadero

b) Falso

17. El georadar puede medir distancias por:

a) Onda protadora

b) Radio

c) Fibra óptica

18. En la siguiente figura rellena la información que falta en algunos bloques.

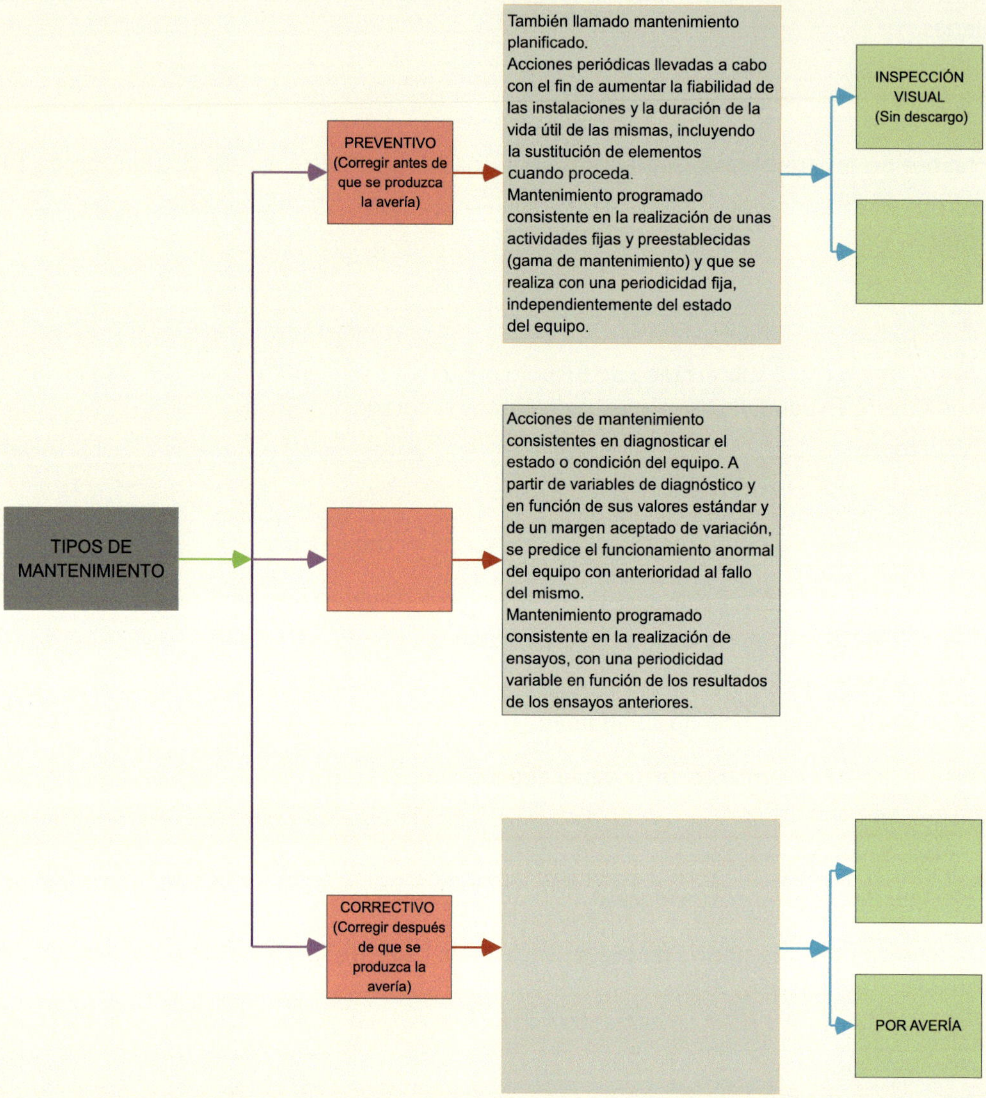

19. En el mantenimiento de una red subterránea de distribución de BT se debe verificar que la resistencia de puesta a tierra del conductor neutro sea:

a) $\leq 50\ \Omega$

b) $> 20\ \Omega$

c) $\leq 20\ \Omega$

20. Mediante la medida de la resistencia de una puesta a tierra se trata de averiguar, principalmente, el valor de la resistencia que presenta el electrodo/s en la zona de contacto del mismo con la tierra.

a) Verdadero

b) Falso

21. En general, la conexión y desconexión de las redes subterráneas de distribución de BT se realiza en:

a) En el centro de transformación

b) En las acometidas

c) En las derivaciones

Bibliografía

Normas y recomendaciones

- Reglamento electrotécnico de baja tensión. REBT.
- Proyecto tipo de redes subterráneas de BT de Endesa.
- Proyecto tipo de redes subterráneas de BT de Iberdrola.
- Proyecto tipo de redes subterráneas de Unión Fenosa.
- RD 614/20001 sobre riesgo eléctrico.

Catálogos y publicaciones

- Arquitectura de red de Unión Fenosa.
- Armarios eléctricos de GET.
- Identificación de cables de B de Ariadna.
- Medidores de aislamiento y continuidad de HT Instruments.
- Localización de averías en cables de Baur.
- Herramientas para trabajos eléctricos de Egamaster.
- Catálogo de Top Cable.
- Catálogo general de Catu.
- Manual teórico práctico (tomo 1) de Schneider Electric.
- Armarios de distribución y derivación urbana de Uriarte Safybox.

Enlaces de interés

- Instalaciones de baja tensión:
  http://fotosdeelectricidad.es/?page_id=747
- Riesgo eléctrico:
  http://www.insht.es/
- Empalme en un cable subterráneo de baja tensión:
  https://www.youtube.com/watch?v=jGZoyCLFI6A